HEINRICH HEINE
UNIVERSITÄT DÜSSELDORF

Autodisplay komplexer Enzyme für biokatalytische Anwendungen

Inaugural-Dissertation

zur Erlangung des Doktorgrades
der Mathematisch-Naturwissenschaftlichen Fakultät
der Heinrich-Heine-Universität Düsseldorf
vorgelegt von

Eva Elisabeth Kranen

aus Hüls/Krefeld

Düsseldorf, Dezember 2010

Bibliografische Information der Deutschen Nationalbibliothek
Die Deutsche Nationalbibliothek verzeichnet diese Publikation in der Deutschen Nationalbibliografie; detaillierte bibliografische Daten sind im Internet über http://dnb.d-nb.de abrufbar.
1. Aufl. - Göttingen : Cuvillier, 2011
Zugl.: Düsseldorf, Univ., Diss., 2011

978-3-86955-695-6

Aus dem Institut für Pharmazeutische und Medizinische Chemie

der Heinrich-Heine-Universität Düsseldorf

Gedruckt mit der Genehmigung der

Mathematisch-Naturwissenschaftlichen Fakultät der

Heinrich-Heine-Universität Düsseldorf

Referent: Prof. Dr. Joachim Jose

Koreferent: Prof. Dr. Peter Proksch

Tag der mündlichen Prüfung:

13.01.2011

Nonnenstieg 8, 37075 Göttingen
Telefon: 0551-54724-0
Telefax: 0551-54724-21
www.cuvillier.de

1. Auflage, 2011
Gedruckt auf säurefreiem Papier

978-3-86955-695-6

MEINER FAMILIE

Die hier vorgelegte Dissertation habe ich eigenständig und ohne unerlaubte Hilfe angefertigt.

Die Dissertation wurde in der vorgelegten oder in ähnlicher Form noch bei keiner anderen Institution eingereicht. Ich habe bisher keine erfolglosen Promotionsversuche unternommen.

Düsseldorf, den 10.12.2010

(Eva Kranen)

Mein Dank gilt:

- Prof. Dr. Joachim Jose für die Möglichkeit der Promotion in seinem Arbeitskreis und über ein tolles Projekt. Für den Überblick, das Vertrauen und die Geduld und die entscheidenden Hinweise an Stellen, an denen es scheinbar nicht weiterging.
- Dr. Ruth Maas für die gute und sehr hilfreiche Co-Betreuung, ihren Erfahrungsschatz und die guten fachlichen und privaten Gespräche.
- Prof. Dr. Peter Proksch für die Übernahme des Koreferats.
- Christian Detzel für das tapfere Ertragen unserer (nicht immer ganz einfachen) „Beziehung" als „desk-couple", die wir aber durch Höhen und Tiefen bravourös gemeistert haben und für seinen schlagfertigen Humor, der uns viele witzige Momente im Labor beschert hat.
- Nicola Steffan und Tatjana Brossette für ihre tatkräftige Unterstützung bei den Enzym-Assays.
- Elisa Winterer und Klaudia Petermann für meine freundliche Aufnahme in den Arbeitskreis und ins „Trio infernale". Für die Teepausen, und dass sie mir das Klettern näher gebracht haben. Nicht zuletzt für ihre Freundschaft.
- Allen anderen ehemaligen und aktuellen Mitgliedern des Arbeitskreises: Andreas Gratz, Dirk Betscheider, Andre Kaeßler, Felix Blasshofer, Michael Goblirsch, Claudia Reicheneder, Stephanie Schumacher, Sarah Thömmes, Achim Braukmann, Iris Gawarzewski, Irina Altendorfer, Agne Tubeleviciute, Zoya Orlando, Bertan Bopp, Tanja Völker, Tatjana Brossette, Claas Hundsdörfer, Mark Teese: Danke für die gute Kollegialität, das freundschaftliche Arbeitsklima, die guten fachlichen und privaten Gespräche und die tollen Feiern. Macht weiter so, wir waren und ihr seid ein gutes Team!
- Alexandra Hamacher, Daniel Esser und Christian Detzel für die gemeinsame Betreuung des Praktikums Arzneimittelanalytik mit allem was dazugehört. Es hat mir immer viel Spaß gemacht, diese Aufgabe mit euch zusammen zu erfüllen!
- Meiner Familie und allen Freunden, die mich während meines Studiums und der Promotion unterstützt haben.

INHALTSVERZEICHNIS

1 Zusammenfassung

Im Rahmen der vorliegenden Arbeit wurden eine homodimere Prenyltransferase aus *Aspergillus fumigatus* und eine homotetramere NADH-Oxidase aus *Lactobacillus brevis* mittels Autodisplay an die Oberfläche von *Escherichia coli* gebracht. Diese beiden Enzyme können als komplexe Enzyme bezeichnet werden, da sie aus zwei bzw. vier Untereinheiten bestehen und im Fall der NADH-Oxidase (NOx) einen FAD-Cofaktor pro Untereinheit enthalten. Dieser muss in das Enzym inkorporiert werden, damit dieses oxidative Aktivität zeigen kann. Die Oberflächenständigkeit beider Enzyme konnte durch einen Zugänglichkeitstest für extern zugegebene Proteasen belegt werden.

Nach Anzucht in LB-Medium zeigte der NOx-Ganzzellbiokatalysator eine Aktivität von 5,54 mU/mL bei Einsatz einer optischen Dichte bei 578 nm (OD_{578}) von 1. Wurde der NOx-Ganzzellbiokatalysator in M9-Minimalmedium kultiviert, konnte die Aktivität auf 16,38 mU/mL bei einer OD_{578} von 1 gesteigert werden. Der NOx-Ganzzellbiokatalysator war in Zellsuspensionen mit einer OD_{578} von 10 bei -20 °C und -70 °C ohne Verlust an Aktivität und ohne Verlust der Zellintegrität sieben Wochen lagerfähig. Bei Untersuchung der Wiederverwendbarkeit in fünf wiederholten Reaktionszyklen ließ sich am Ende des fünften Zyklus unter den gewählten Bedingungen noch eine NADH-Oxidase-Aktivität von 50 % verglichen mit dem ersten Zyklus detektieren. In einem kombinierten Einsatz mit einer Acetaldehyd-Dehydrogenase konnte der NOx-Ganzzellbiokatalysator erfolgreich zur Regeneration des oxidierten Pyridinnukleotid-Cofaktors NAD^+ eingesetzt werden.

Die Prenyltransferase FgaPT2 zeigt ein sehr breites Substratspektrum und akzeptiert neben dem originären Substrat Tryptophan auch 17 weitere Indolderivate. Die Aktivität des FgaPT2-Ganzzellbiokatalysators wurde durch die erfolgreiche Prenylierung der Substrate Indol-3-propionsäure und L-β-Homotryptophan belegt, von denen jeweils 1 mM eingesetzt worden war. Dabei wurden nach 24 stündiger Reaktionsdauer etwa 25 % der eingesetzten Indol-3-propionsäure und 13 % des eingesetzten L-β-Homotryptophans durch den FgaPT2-Ganzzellbiokatalysator umgesetzt. LC-MS-Untersuchungen bestätigten die Identität der entstandenen 4-Dimethylallyl-Produkte. Der FgaPT2-Ganzzellbiokatalysator zeigte nach vierwöchiger Lagerung bei 8 °C keinen Aktivitätsverlust. Bei Untersuchung der Wiederverwendbarkeit in drei wiederholten Reaktionszyklen ließ sich auch mit diesem Ganzzellbiokatalysator unter den gewählten Bedingungen eine Umsetzungsrate von 50 % während des letzten Reaktionszyklus verglichen mit dem Anfangswert detektieren.

2 Summary

In this study, a homotetrameric NADH-oxidase (NOx) from *Lactobacillus brevis* and a homodimeric prenyltansferase from *Aspergillus fumigatus* were displayed on the surface of *Escherichia coli* using Autodisplay. The active enzymes can be regarded as complex enzymes, since they are known to be composed of two and four subunits, respectively, a factor that often adversely affects heterologous protein expression. In case of NOx, the enzyme also contains one FAD-cofactor per subunit. Surface exposure of both enzymes was proven by accessibility testing for externally added proteases.

After cultivation in LB-medium, the NOx-whole cell biocatalyst showed an activity of 5.54 mU/mL, based on measurements with cells at an optical density at 578 nm (OD_{578}) of 1. By cultivation in M9-minimal medium, the activity could be raised to 16.38 mU/mL at an OD_{578} of 1. Suspensions of the NOx-whole cell biocatalyst with an OD_{578} of 10 could be stored for seven weeks at -20 °C or -70 °C without any loss of activity or demonstrated membrane integrity. The NOx-whole cell biocatalyst was reusable through five consecutive cycles. In comparison to the first cycle, the surface displayed enzyme retained 50 % of its activity after the fifth cycle. In a combined assay with an acetaldehyde dehydrogenase, the NOx-whole cell biocatalyst was successfully used for NAD^+-cofactor regeneration.

The native substrate of the aromatic prenyltransferase FgaPT2 is tryptophan, however the enzyme shows a broad substrate spectrum and accepts 17 indole derivatives as substrates. The FgaPT2-whole cell biocatalyst constructed in this study was proven to efficiently prenylate both indole-3-propionic-acid and L-β-homotryptophan (at substrate concentrations of 1 mM). After a reaction time of 24 h, the FgaPT2-whole cell biocatalyst converted 25 % of indole-3-propionic-acid and 13 % of L-β-homotryptophan. The identity of the resulting 4-dimethylallyl products was determined by LC-MS. After four weeks of storage at 8 °C the FgaPT2-whole cell biocatalyst showed no loss in activity. The reusability of the FgaPT2-whole cell biocatalyst was tested throughout three consecutive reaction cycles. After the third cycle a conversion rate of 50 % compared to the first cycle was determined, demonstrating the excellent enzyme stability of the autodisplayed protein.

3 Einleitung

3.1 Biokatalyse

Der Grundstein der Biokatalyse wurde im frühen 19. Jahrhundert mit der Entdeckung der sogenannten Diastase, einer Mischung von Amylasen, gelegt, die Stärke zu Dextrose und Zucker zersetzte (Bornscheuer und Bucholz 2005). Mit Entdeckung und Charakterisierung der Enzyme im späten 19. Jahrhundert wurden wichtige Kenntnisse über die Natur biokatalytischer Prozesse erlangt. So war bereits Emil Fischer 1894 davon überzeugt, dass Enzyme Proteine sind. Er erkannte die Substratspezifität als eines der Hauptmerkmale von Enzymen und leitete daraus das bekannte Bild von „Schlüssel und Schloss" ab. Einige Jahre später entdeckte Eduard Buchner, dass für die alkoholische Fermentation keine ganzen Hefezellen, sondern nur eine lösliche Substanz, zweifelsfrei mit den Eigenschaften eines Proteins, die er „Zymase" nannte, notwendig war (Buchner und Rapp 1898). Der endgültige Nachweis, dass Enzyme Proteine sind, konnte in den zwanziger und dreißiger Jahren des 20. Jahrhunderts von Sumner, durch die Kristallisierung von Urease, und von Kunitz und Northrup durch die Kristallisierung von Trypsin und anderen Enzymen, erbracht werden (Sumner und Myrbäck 1950).

In den 1930er Jahren wurden gezielt enzymatische Reaktionen in der Lebensmittelindustrie eingesetzt. Die geringe Lebensdauer und die mangelnde Möglichkeit die Enzyme aus den Reaktionsansätzen zurückzugewinnen, veranlasste um 1950 einige Arbeitsgruppen, Enzyme an festen Phasen zu immobilisieren (Grubhofer und Schleith 1953; Manecke und Gillert 1955). Im Jahr 1972 wurden immobilisierte Enzyme erstmals industriell in der Produktion von Aminosäuren eingesetzt (Mori *et al.* 1972). Der industrielle Einsatz von Enzymen wurde dadurch wirtschaftlicher, denn die bis dato in der Gewinnung sehr teuren Enzyme konnten, an Membranen oder größere Partikel adhäriert, aus den Produktionsansätzen zurückgewonnen und somit wiederverwendet werden (Hartmeier 1985; Sheldon 2007). Die Immobilisierung brachte zudem in den meisten Fällen eine Erhöhung der Stabilität der Enzyme mit sich (Khalaf *et al.* 1996; Boller *et al.* 2002; Drauz und Waldmann 2003). Durch die Möglichkeiten der rekombinanten Expression von Enzymen in sich schnell replizierenden Organismen wie Bakterien und Hefen, erlangte die Biokatalyse im ausklingenden 20. Jahrhundert ihren heutigen Stellenwert (Bornscheuer und Bucholz 2005). Heute werden neue Enzyme aus den verschiedensten Quellen isoliert, charakterisiert und auf eine Anwendungsmöglichkeit überprüft. Mittels gentechnischer Methoden wie der gezielten oder zufälligen Mutagenese und der Erstellung ganzer Bibliotheken gelingt es durch

„high throughput screening" und künstliche Selektion immer effektivere Varianten eines Enzyms zu finden. Somit kann die Effizienz eines entdeckten oder schon verwendeten Enzyms fortwährend verbessert werden (Bornscheuer 2005). Die Vorteile der Verwendung von Enzymen in der organischen Synthese im Vergleich mit den herkömmlichen chemischen Methoden liegen klar auf der Hand. So katalysieren Enzyme die Reaktionen spezifisch, es fallen weniger schädliche Nebenprodukte an. Die Prozesse laufen meist in wässrigem Milieu ab, so dass auch Lösungsmittel gespart werden. Vor allem aber reichen für die enzymatischen Umsetzungen milde Bedingungen aus, wohingegen für chemische Synthesewege oft hohe Temperaturen und Drücke erforderlich sind. Der Gebrauch von Enzymen ist somit gleichbedeutend mit geringeren Kosten und einer umweltschonenden und nachhaltigen Produktion (Schmid *et al.* 2001; Liese *et al.* 2006).

Große Bedeutung hat der biokatalytische Einsatz von Enzymen heute vor allen Dingen in der Synthese chiraler Komponenten. So ist es durch enzymatische Synthese möglich, gezielt enantiomerenreine Ausgangsstoffe zur Darstellung von Arzneistoffen zu gewinnen (Patel 2001). Synthesen zur Gewinnung von Enantiomeren laufen enzymatisch katalysiert um ein Vielfaches gezielter, ökonomischer und ökologischer ab, als auf klassischem, chemischem Wege (Breuer *et al.* 2004). Für die Produktion von Feinchemikalien setzt sich dieser Trend fort und so wurden bereits im Jahr 2005 mehr als 140 biokatalytische Prozesse zur Herstellung von Feinchemikalien, wie z.B. Ausgangsstoffen für Antibiotika oder L-Aminosäuren, industriell genutzt (Bornscheuer und Bucholz 2005).

3.1.1 Oxidoreduktasen in der Biokatalyse

Für eine Vielzahl biokatalytisch ausgeführter Prozesse werden Oxidoreduktasen eingesetzt. So kann mit Hilfe von Oxygenasen die Insertion von ein oder zwei Molekülen Sauerstoff in ein Substrat z.B. in Hydroxylierungs- oder Epoxidierungsreaktionen katalysiert werden (Li *et al.* 2002). Auch die Degradation bestimmter Umweltgifte, wie z. B. polychlorierter Biphenyle, Azofarbstoffe oder verschiedener anderer polyzyklischer aromatischer Kohlenwasserstoffe, geschieht mit Hilfe von Peroxidasen oder Laccasen (May 1999; Pizzul *et al.* 2009). In der Gewinnung von Bioethanol aus cellulosehaltigem Pflanzenabfall bedient man sich der Lignin-spaltenden Eigenschaften von Laccasen und Peroxidasen pilzlichen Ursprungs (Larsson *et al.* 2001).

Von besonderem Interesse, unter anderem in der Vorstufensynthese bestimmter Arzneistoffe, wie z. B. Fluoxetin oder Atorvastatin, ist die gezielte Gewinnung chiraler Alkohole und Hydroxysäuren durch die entsprechenden Dehydrogenasen. (Kula und Kragl 1999; Panke *et al.* 2004; Broussy *et al.* 2009). Deren Abhängigkeit von

Pyridinnukleotid-Cofaktoren macht ihren Einsatz jedoch sehr teuer. Für eine wirtschaftliche, biokatalytische Anwendung von Dehydrogenasen sind somit kosteneffiziente Regenerationsmöglichkeiten für Nicotinamid–Cofaktoren erforderlich (Bornscheuer und Bucholz 2005).

3.1.1.1 Möglichkeiten zur Regenerierung von Pyridinnukleotid-Cofaktoren

Die reduzierte Form der Cofaktoren, NADH, bzw. NADPH ist teurer und weniger stabil als die oxidierte Form. Daher sind auch die Möglichkeiten zur Regenerierung von NADH und NADPH bislang erschöpfender untersucht und zur Nutzung gebracht worden. Die augenscheinlich eleganteste Lösung stellt sicherlich die Nutzung der Rückreaktion der ohnehin eingesetzten Dehydrogenase unter Verwendung eines zweiten Substrates dar. Bei dieser Methode tritt jedoch häufig eine Enzymhemmung durch die hohen Mengen des eingesetzten „Hilfs-Substrates" ein (Kroutil *et al.* 2004). Eine stabilitätsverbesserte Weiterentwicklung dieses Modells stellen sogenannte „cross-linked-enzyme-crystals" (CLECS) dar. Zu ihrer Erzeugung wird die Dehydrogenase in Anwesenheit des reduzierten Cofaktors NADH kristallisiert und die erhaltenen Kristalle werden mit Glutaraldehyd behandelt um die entsprechenden CLECS zu erhalten. Die Regenerierung des Cofaktors erfolgt auch hier durch den Einsatz eines „Hilfs-Substrates" (St. Clair *et al.* 2000).

Die am häufigsten verwendete Methode zur Regenerierung von NADH ist aber der so simple wie effektive Einsatz einer zweiten Dehydrogenase. Diese setzt mit hoher Spezifität ein zweites Substrat um, welches vom eigentlichen Produktionsenzym nicht genutzt wird. Im industriellen Rahmen wird dazu bereits die Formiat-Dehydrogenase verwendet (Bommarius *et al.* 1994; Bommarius *et al.* 1998). Neueren Ergebnissen zu Folge kann eine Phosphonat-Dehydrogenase aus *Pseudomonas stutzeri* zur effizienten Regenerierung von NADPH eingesetzt werden (Johannes *et al.* 2007).

Eine elegante Möglichkeit einer sozusagen „In-Prozess"- Regenerierung von NADH bzw. NADPH bietet sicherlich der Einsatz von Dehydrogenasen in Ganzzellsystemen (Zhao *et al.* 2002; Blank *et al.* 2010). So werden einerseits die arbeitsreiche Aufreinigung der rekombinant produzierten Dehydrogenasen vermieden und andererseits intrazelluläre Reaktionen zur Cofaktorregenerierung ausgenutzt. Die Verwendung solcher Ganzzell- Ansätze ist jedoch häufig limitiert durch zu geringe enzymatische Aktivitäten und eine begrenzte Kapazität zur Cofaktorregenerierung im Zellinneren. Außerdem muss die Membrangängigkeit von eingesetztem Substrat und erhaltenem Produkt gewährleistet sein. Ebenfalls limitierend wirken sich eine Inhibierung des Zellwachstums durch das eingesetzte Substrat oder das entstehende Produkt, und ein Wiederabbau des Produktes durch Nebenreaktionen im Zellinneren, sowie die Entstehung von unerwünschten und schwer abtrennbaren Nebenprodukten aus (Duetz *et al.* 2001; Park 2007).

Die Regenerierung der oxidierten Reduktionsäquivalente NAD^+ bzw. $NADP^+$ hingegen ist bei weitem noch nicht so ausschöpfend untersucht und entwickelt. Die Regenerierung oxidierter Cofaktoren ist z. B. relevant für den Einsatz von Dehydrogenasen zur Trennung von Racematen chiraler Alkohole oder Aminosäuren. Die Trennung erfolgt dabei durch die Oxidation eines Enantiomers mit Hilfe der Dehydrogenase wobei NADH entsteht. Mit Hilfe von Dehydrogenasen können auch Ketone synthetisiert werden, die chemisch schwierig zu präparieren sind (Van Der Donk und Zhao 2003).

Zur Regenerierung von $NADP^+$ kann ebenfalls eine zweite Dehydrogenase und ein zweites Substrat eingesetzt werden. Zur Verwendung kommt dabei eine Glutamatdehydrogenase. Die Glutamatdehydrogenase katalysiert die Umwandlung von α-Ketoglutarat und Ammonium zu Glutamat unter Oxidation von NADPH. Für die *in situ* Regenerierung von NAD^+ aus NADH stellt die simultane Verwendung von NADH-Oxidasen eine attraktive Möglichkeit dar. Da manche dieser Oxidasen auch NADPH als Substrat akzeptieren, ist so auch die Regenerierung von $NADP^+$ möglich (Van Der Donk und Zhao 2003).

3.1.2 NADH-Oxidasen

NADH-Oxidasen katalysieren die Oxidation von NADH unter gleichzeitiger Reduktion von molekularem Sauerstoff zu a) Wasserstoffperoxid in einem zwei Elektronen übertragenden Schritt oder zu b) Wasser in einer vier Elektronen übertragenden Reaktion (Abbildung 1).

NADH-Oxidasen sind Flavoproteine und enthalten einen oder mehrere FAD-Cofaktoren, die für die Elektronenübertragung verantwortlich sind. Sie sind in der Natur weit verbreitet und kommen in den verschiedensten Organismen vor. Dabei enthalten Bakterien sowohl H_2O_2-bildende als auch H_2O-entwickelnde NADH-Oxidasen.

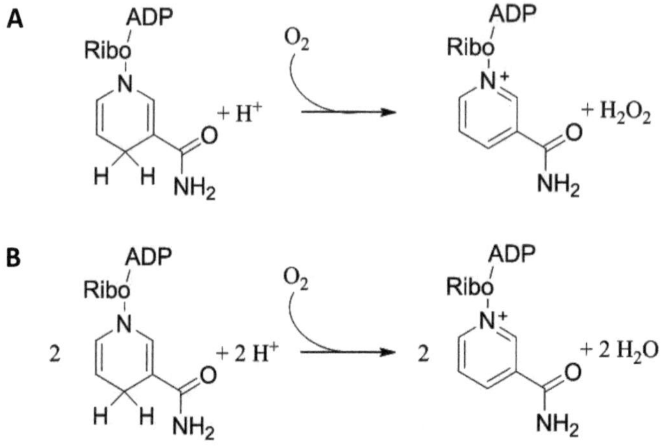

Abbildung 1: Die zwei Wege der Oxidation von NADH durch NADH-Oxidasen unter Reduktion molekularen Sauerstoffs.
Durch Übertragung von 2 Elektronen entstehen aus einem Äquivalent NADH unter Verbrauch molekularen Sauerstoffs NAD^+ und Wasserstoffperoxid **[A]**. Aus 2 Äquivalenten NADH entstehen durch Übertragung von 4 Elektronen NAD^+ und Wasser **[B]**.

In aerob lebenden Bakterien gewährleisten NADH-Oxidasen die Bereitstellung oxidierter Pyridinnukleotid-Cofaktoren unter anderem für die Glykolyse. Sie interagieren auch mit Peroxiredoxin, einem Disulfid-enthaltenden Redoxprotein, welches Wasserstoffperoxid entfernt (Nishiyama *et al.* 2001). In Anaerobiern schützen NADH-Oxidasen empfindliche Enzyme vor Sauerstoffeinfluss durch die Umwandlung molekularen Sauerstoffs zu Wasser (Brown *et al.* 1998). Fakultativ anaerobe Bakterien besitzen NADH-Oxidasen zur NAD^+-Regeneration für die von ihnen durchgeführten Teilschritte des Zitratzyklus (Morishita und Yajima 1995). Sie zeigen zudem eine erhöhte NADH-Oxidase-Aktivität, wenn sie unter Sauerstoffzufuhr kultiviert werden (Sakamoto und Komagata 1996). Fakultativ anaerobe Bakterien können keine Atmungskette durchführen. Sie verfügen nicht über Cytochrom-Oxidasen und Katalasen zur Sauerstoffumwandlung, da sie kein Häm synthetisieren können. Deshalb dienen ihnen die NADH-Oxidasen auch zur Umwandlung bzw. Entgiftung molekularen Sauerstoffs unter aeroben Bedingungen (Higuchi *et al.* 2000).

Von größerem biotechnologischem Interesse sind sicherlich die wasserbildenden NADH-Oxidasen, werden doch die meisten Proteine in Anwesenheit von Wasserstoffperoxid deaktiviert. H_2O-entwickelnde NADH-Oxidasen finden sich vor allem in den Gattungen *Streptococcus* (Matsumoto et al. 1996), *Enterococcus* (Ross und Claiborne 1991, 1992), *Lactobacillus* (Sakamoto und Komagata 1996), *Methanococcus* (Bult et al. 1996) und *Leuconostoc* (Koike et al. 1985). In ihrer

Quartärstruktur ähneln sich die NADH-Oxidasen, so bilden sie Di- oder Tetramere aus, deren Untereinheiten jeweils ein Molekulargewicht von etwa 50 kDa aufweisen. Jede dieser Untereinheiten enthält die Konsensussequenz GXT(H/S)AG in der Nähe des N-Terminus, die die FAD-Bindedomäne kennzeichnet (Riebel *et al.* 2002). Bis auf diese FAD-Bindedomäne und ein hoch konserviertes Cystein an Stelle 42 der Aminosäuresequenz besteht eine sonst nur moderate Ähnlichkeit in den Aminosäuresequenzen der NADH-Oxidasen untereinander. Bei der Entschlüsselung des Reaktionsmechanismus der H_2O-bildenden NADH-Oxidasen waren die Arbeiten der Arbeitsgruppe von Claiborne wegweisend. Dem zu Grunde lag die strukturelle Aufklärung eines verwandten Enzyms, einer NADH-Peroxidase, für die ein neuer Oxidationsmechanismus ohne Involvierung einer Häm- oder Metallgruppe identifiziert wurde (Poole und Claiborne 1989a, b). Ein katalytisch aktiver Cysteinrest, Cys42, fungiert neben FAD als weiteres Redoxzentrum. Dieser liegt im Verlauf der Redoxreaktion als Thiolatanion oder als stabilisierte Sulfensäure (Cys-SOH) vor (Abbildung 2 B). Ashrafuddin Ahmed und Claiborne (1989) argumentierten weiterhin, dass dieser Mechanismus auch für die NADH-Oxidase aus *Enterococcus faecalis* gelte. Diese zeigt eine 44 %ige Sequenzübereinstimmung mit der NADH-Peroxidase, für die der Reaktionsmechanismus identifiziert worden war.

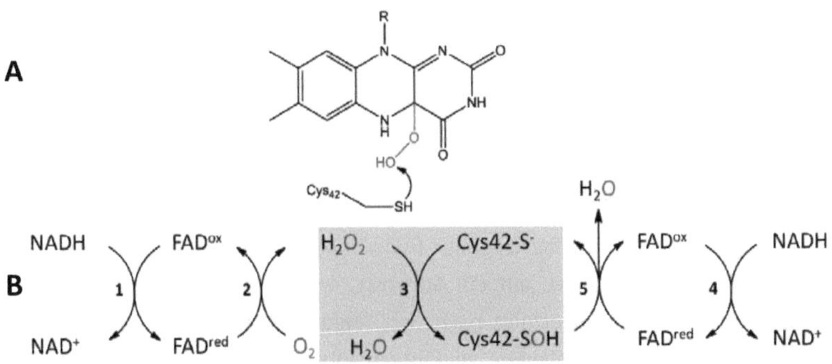

Abbildung 2: Oxidation von zwei Äquivalenten NADH durch eine wasserbildende NADH-Oxidase modifiziert nach Lountos *et al.* (2006).
Bei der Oxidation des ersten Äquivalentes NADH entsteht zwar Wasserstoffperoxid (Reaktion 1 und 2). Dieser wird jedoch nicht freigesetzt, sondern reagiert mit dem aktivierten Cysteinrest Cys42 unter Bildung einer Sulfensäure (**B**, Reaktion 3). Das zweite Äquivalent NADH wird dann benötigt, um die als Zwischenprodukt entstandene Sulfensäure wieder zum Thiolat zu reduzieren. Es entsteht ein weiteres Äquivalent Wasser (Reaktion 4 und 5). Teil **A** stellt die Peroxyflavinuntereinheit des FAD-Cofaktors dar.

Zudem verfügt diese NADH-Oxidase über den gleichen, hoch konservierten Cysteinrest, Cys42. Dieses Argument wird zusätzlich gestützt durch die Untersuchung von Cys42-Mutanten, welche zu einer Produktion von Wasserstoffperoxid an Stelle von Wasser führten (Mallett und Claiborne 1998). Das Enzym war so nicht mehr in der Lage, das postulierte Zwischenprodukt, ein Peroxyflavin (Abbildung 2 A) im nachfolgenden Schritt zu reduzieren und so Wasser zu produzieren.

3.1.2.1 Die NADH-Oxidase NOx aus *Lactobacillus brevis*

Die in dieser Arbeit behandelte, wasserbildende NADH-Oxidase (NOx) stammt aus *Lactobacillus brevis* und wurde von Hummel und Riebel (2003) isoliert und charakterisiert. Bei der NOx handelt es sich um ein homotetrameres Flavoenzym dessen Untereinheiten aus je 450 Aminosäuren bestehen und ein molekulares Gewicht von 48,8 kDa aufweisen. Jede der Untereinheiten trägt ein nicht kovalent gebundenes FAD (Kuzu *et al.* 2005). Die Primärstruktur zeigt Homologien mit anderen bakteriellen NADH-Oxidasen. So finden sich konservierte Sequenzbereiche für die FAD- und die NADH-Bindedomänen (Geueke *et al.* 2003). NOx katalysiert, wie in Abbildung 1 B dargestellt, die Oxidation von zwei Äquivalenten NADH unter Reduktion eines Äquivalentes Sauerstoff zu NAD^+ und Wasser. Wie bereits für andere Milchsäurebakterien beschrieben, dient auch die NOx aus *L. brevis* dem Verhindern oxidativen Stresses. So ist die NOx-Aktivität in *L. brevis* unter aeroben Bedingungen signifikant höher als unter anaeroben (Geueke *et al.* 2003).

Das isolierte Enzym wurde bereits erfolgreich zur Regeneration des NAD-Cofaktors eingesetzt. Dies geschah in Kombination mit einer Alkohol-Dehydrogenase zur Gewinnung des enantiomerenreinen *S*-Alkohols (Geueke *et al.* 2003), und in Kombination mit einer Leucin-Dehydrogenase zur Produktion von D-tert-Leucin (Hummel *et al.* 2003).

3.1.3 Transferasen in der Biokatalyse

Transferasen katalysieren die Übertragung funktioneller Gruppen von einem Cosubstrat, das als Donor fungiert, auf ein Substrat, das als Akzeptor dient. Die Klassifizierung der Transferasen erfolgt nach den funktionellen Gruppen, die sie übertragen. Die sich daraus ergebenden, vielfältigen Einsatzmöglichkeiten machen Transferasen zu einem interessanten Werkzeug in der biokatalytischen Anwendung. Bislang werden sie standardmäßig in der Darstellung chiraler Aminosäuren eingesetzt. So werden D- und β-Aminosäuren, die als Bausteine in der Synthese verschiedener Arzneistoffe dienen, mit Hilfe von Aminotransferasen synthetisiert (Patel 2001; Breuer *et al.* 2004; Liljeblad und Kanerva 2006). Diese übertragen Aminogruppen auf die entsprechenden Ketosäuren als Akzeptoren (Liese *et al.* 2006). Auch die modifizierten Kohlenhydrate Glucose-6-phosphat und N-Acetylneuraminsäure werden mittels der entsprechenden Transferasen, im Fall des ersten Produkts mittels einer Kinase, synthetisiert. N-Acetylneuraminsäure wird als Neuraminidase-inhibitor in der Behandlung der Influenza eingesetzt (Wandrey *et al.* 2000; Panke *et al.* 2004). Auch die Darstellung von Cyclodextrinen, die als Hilfsstoffe in der Herstellung von Arznei- und Lebensmitteln Verwendung finden, geschieht im großen Maßstab biokatalytisch durch den Abbau von Stärken mit Cyclodextrin-Glycosyltransferasen. Diese übertragen einzelne Glucosemoleküle von der Stärke auf α-, β-, und γ-zyklische Oligosaccharide, die Cyclodextrine (Hilterhaus und Liese 2006; Liese *et al.* 2006).

3.1.4 Prenyltransferasen

Prenyltransferasen sind ubiquitär vorkommende Enzyme, die die Alkylierung von elektronenreichen Systemen durch Isoprendiphosphate katalysieren. Bei den übertragenen Isoprenresten kann es sich um kurzkettige Isopentenyl- oder Dimethylallylgruppen (C_5), oder um längere Ketten, die aus mehreren C_5-Untereinheiten bestehen, wie z. B. Geranyl- (C_{10}) oder Farnesylreste (C_{15}), handeln. Als Prenylakzeptor kommen Isopentenyldiphosphat (IPP), Prenyldiphosphate höherer Ordnung, aromatische Moleküle oder Proteine in Frage. Auf Grundlage des prenylierten Akzeptormoleküls werden Prenyltransferasen in verschiedene Klassen unterteilt. So katalysieren die Isoprenylpyrophosphat-Synthasen die Kettenverlängerung aliphatischer Pyrophosphatsubstrate mit Isopentenylpyrophosphat. Die so entstehenden Isoprenoide sind Vorstufen einer Vielzahl von Naturstoffen, wie z. B. Terpene und Steroide (Poulter 1974; Poulter und Rilling 1981). Protein-Prenyltransferasen übertragen einen aktivierten Prenylrest (Farnesyl- (C_{15}) oder Geranyl-geranyl- (C_{20}) pyrophosphat) auf Protein- oder Peptidsubstrate. Diese posttranslationale Modifikation ist unabdingbar für die Funktion bestimmter Signaltransduktions-Proteine wie z. B. Ras („rat sarcoma") oder anderer G-Proteine (Schafer und Rine 1992; Glomset und Farnsworth 1994).

Durch eine weitere Klasse von Prenyltransferasen werden Isoprenoidreste an aromatische Akzeptormoleküle angelagert. Auf Grundlage dieser Prenylierungsreaktion entstehen viele verschiedene Primär- und Sekundärstoffe in Pflanzen, Pilzen und Bakterien (Heide 2009). Die Prenylierung eines aromatischen Substrates geht oft einher mit einem Anstieg seiner biologischen Aktivität. So konnte unter anderem für die Flavonoide Apigenin und Liquiritigenin gezeigt werden, dass eine Prenylierung ihre cytotoxische Aktivität gegenüber ihren nicht prenylierten Vorstufen erhöht (Botta *et al.* 2005b; Wätjen *et al.* 2007). Eine weitere Klasse prenylierter Naturstoffe aus *Aspergillus fumigatus* zeigte ebenfalls massive cytotoxische Effekte. Die sogenannten Tryprostatine sind prenylierte, cyclische Dipeptide auf der Grundlage von Tryptophan (Sanz-Cervera *et al.* 2000). Die gesteigerte biologische Aktivität prenylierter Aromaten beruht wahrscheinlich auf einer Erhöhung der Affinität zu biologischen Membranen und der Interaktion mit zellulären Zielmolekülen (Botta *et al.* 2005a). Ein weiteres, interessantes Merkmal dieser Klasse der Prenyltransferasen ist ihre geringe Substratspezifität. Diese beruht auf den enormen Ausmaßen der zentralen Kavität im Inneren des Enzyms, welches eine fassartige Struktur aus zehn antiparallel gerichteten β-Faltblättern ausbildet. Dieses sogenannte Prenyltransferase-Barrel ist wiederum umgeben von α-Helices. Die zentrale Kavität innerhalb des „Barrels" beherbergt das aktive Zentrum und bietet aufgrund seiner Ausdehnung Raum für strukturell unterschiedliche Substrate (Koehl 2005).

Diese Klasse der Prenyltransferasen ermöglicht nicht nur den Zugang zu pharmazeutisch relevanten, sekundären Pflanzeninhaltsstoffen, ihre biokatalytische Anwendung öffnet auch die Tür zur Entwicklung neuer, bioaktiver und womöglich pharmakologisch bedeutsamer, prenylierter Aromaten. Ihre geringe Substratspezifität erweitert ihren Anwendungsbereich zudem noch auf eine mögliche Bibliothekserstellung prenylierter Substanzen. Im Sinne einer Hoch-Durchsatz-Synthese könnten so viele potentiell bioaktive Substanzen dargestellt werden (Botta *et al.* 2005a; Saleh *et al.* 2009).

3.1.4.1 Die Prenyltransferase FgaPT2 aus *Aspergillus fumigatus*

Die Prenyltransferase FgaPT2 stammt aus dem Schimmelpilz *Aspergillus fumigatus* und wurde zuerst von Unsöld und Li (2005) isoliert und charakterisiert. Die Bezeichnung FgaPT2 leitet sich aus dem Artnamen des Pilzes „*fumigatus*" und der Abkürzung PT für Prenyltransferase ab. FgaPT2 katalysiert den ersten Schritt in der Ergotalkaloidsynthese in diesem Schimmelpilz durch Übertragung einer Dimethylallylpyrophosphatgruppe (DMAPP) auf Tryptophan (Abbildung 3). Somit kann sie genauer als Dimethylallyl-Tryptophan-Synthase (DMATS; EC 2.5.1.34) charakterisiert werden. FgaPT2 ist ein lösliches Homodimer, dessen Untereinheiten eine Größe von jeweils 52 kDa aufweisen.

Die von der FgaPT2 katalysierte Reaktion ist eine elektrophile Substitution im Sinne einer Friedel-Crafts-Alkylierung. Aus dem DMAPP entsteht im aktiven Zentrum ein Carbokation, welches wiederum in einem elektrophilen Angriff das C4 des Indolringes angreift. Als Prenyltransferase, die aromatische Akzeptormoleküle als Substrate akzeptiert, ist auch die FgaPT2 in der Lage eine Vielzahl aromatischer Substrate zu prenylieren. So wurden 17 von 24 untersuchten Indolderivaten regiospezifisch an C4 prenyliert (Steffan *et al.* 2007) und auch sieben Tryptophan-enthaltende, zyklische Dipeptide wurden als Substrat akzeptiert (Steffan und Li 2009). Ihr breites Substratspektrum macht die Prenyltransferase FgaPT2 zu einem interessanten Kandidaten für einen möglichen biokatalytischen Einsatz (Li 2009; Steffan *et al.* 2009).

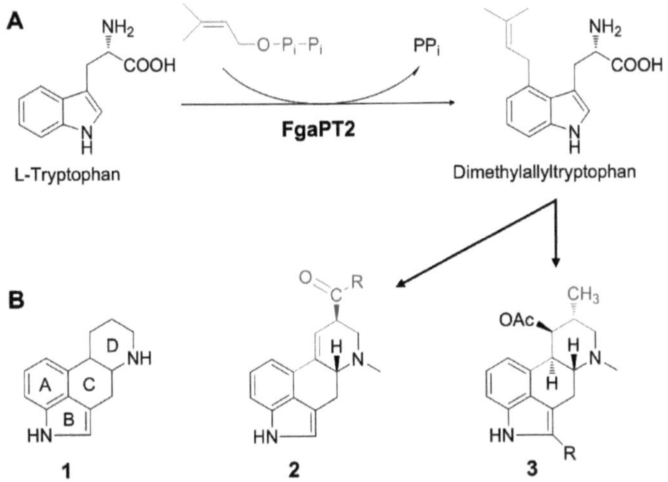

Abbildung 3: Die von FgaPT2 katalysierte Reaktion [A] und Strukturen von Ergotalkaloiden [B] nach Metzger *et al.* (2009).
Die FgaPT2 überträgt einen aktivierten Dimethylallyrest auf die Position 4 im Indolring des Tryptophans. Aus diesem 4-Dimethylallyltryptophan entsteht dann in *A. fumigatus* unter anderem das Ergotalkaloid Fumigaclavin A (R= H in **3**). In der Familie der Clavicipitaceae entstehen aus 4-DMAT Lysergsäure-basierte Ergotalkaloide (**2**). Das Ergolingrundgerüst ist in **1** dargestellt.

3.1.5 Ganzzellbiokatalysatoren

Für biokatalytische Anwendungen kommen nicht nur aufgereinigte und gegebenenfalls immobilisierte Enzyme zum Einsatz. Auch ganze Zellen mit ihrem komplexen metabolischen Innenleben finden biokatalytische Verwendung. Der Gebrauch von Mikroorganismen ist bei genauer Betrachtung sogar die ursprüngliche Form der angewandten Biokatalyse. So basieren doch seit vielen Jahrhunderten beispielsweise die Herstellung von Brot und alkoholischen Getränken oder auch von Käse und Sojasauce auf fermentativen Prozessen unter Verwendung ganzer Zellen (Hesseltine 1983; Bennett 1998). Heutzutage versteht man unter Ganzzellbiokatalysatoren jedoch vielmehr künstlich erzeugte Zellen, die gentechnisch verändert genau die Enzyme produzieren, die für den entsprechenden Prozess zum Einsatz kommen sollen. Im sogenannten „metabolic engineering" werden sogar ganze Stoffwechselwege eines Mikroorganismus genutzt oder gentechnisch modifiziert und auf das zu erzeugende Produkt abgestimmt. So sind ganze Kaskaden enzymatischer Reaktionen in einem Ganzzellbiokatalysator durchführbar, die *in vitro* nicht oder nur sehr schwer darzustellen sind (Bornscheuer und Bucholz 2005; Ishige *et al.* 2005). Vor allen Dingen wird durch Verwendung gekoppelter Stoffwechselprozesse eine Regenerierung von Cofaktoren erreicht (Carballeira *et al.* 2009; Blank *et al.* 2010). Ganzzellsysteme sind in der Regel sehr viel stabiler als reine, frei vorliegende

Enzyme. Aufgrund ihrer Größe und Stabilität sind sie einfacher aus den Ansätzen zurückzugewinnen, sie lassen sich somit leichter wiederverwenden (Duetz *et al.* 2001). Die Bereitstellung ist zudem einfach und kostengünstig. Es reicht aus, die Zellen in Kultur zu halten, die Aufreinigung des Zielenzyms ist nicht notwendig. Allerdings bringt der Einsatz von Ganzzellbiokatalysatoren auch Nachteile mit sich. Bei Verwendung ganzer Zellen müssen sowohl Substrat als auch Produkt die Zellmembran passieren. Weitere Limitationen in der Anwendung ganzer Zellen liegen im möglichen Abbau der Substrate durch Nebenreaktionen des zellulären Stoffwechsels sowie einer Akkumulation von Produkt oder Nebenprodukten im Inneren der Zelle, die zu einer Inhibition des Zielenzyms oder einer Zerstörung der ganzen Zelle führen können (Duetz *et al.* 2001; Ishige *et al.* 2005).

Eine mögliche Lösung dieser Probleme stellt die Verwendung ganzer Zellen dar, die die Enzyme auf ihrer Oberfläche präsentieren. Die Enzyme sind somit immobilisiert und stehen im Lösungsmittel in direktem Kontakt mit ihrem Substrat. Die Immobilisierung durch Verankerung in der Zellmembran verbessert zudem die Stabilität der Enzyme. Mittlerweile sind verschiedene Systeme für ein solches „surface display" heterolog exprimierter Proteine etabliert. So können Proteine auf der Oberfläche grampositiver (Hansson *et al.* 2001) und gramnegativer Bakterien (Rutherford und Mourez 2006) präsentiert werden und auch für Hefen existieren entsprechende Methoden (Gai und Wittrup 2007; Pepper *et al.* 2008). Die Anwendungsgebiete dieser Zellen sind vielfältig. Sie liegen unter anderem auf den Gebieten der Erzeugung und des Screenings kombinatorischer Peptidbibliotheken, können zur Entgiftung von Pestiziden und nicht zuletzt, durch die Oberflächenexpression von Enzymen, als Ganzzellbiokatalysatoren eingesetzt werden (Chen und Georgiou 2002; Wernérus und Ståhl 2004).

3.1.5.1 Autodisplay von Enzymen zur Entwicklung von Ganzzellbiokatalysatoren

Das Autodisplay-System zur Expression heterologer Proteine auf der Oberfläche von *E. coli* wurde zum ersten Mal von Maurer *et al.* (1997) beschrieben. Die Information für die Autodisplayeinheit ist auf einem künstlich erzeugten Fusionsgen kodiert (Abbildung 4). Das aus diesem Fusionsgen abgelesene Protein besteht aus vier Domänen: Dem Signalpeptid (SP) des Choleratoxins B (CTB) aus *Vibrio cholera,* einem Passagier - im ursprünglichen Konstrukt die β-Untereinheit des Choleratoxins - und C-terminal davon, wie in Abbildung 4 A gezeigt, die eigentliche Transporteinheit, bestehend aus einem Linker und einer β-Fass-Domäne. Linker und β-Fass stammen aus dem Protein AIDA-I, dem „adhesin involved in diffuse adherence" aus dem enteropathogenen *E. coli* 2787 (EPEC) (Benz und Schmidt 1989; Maurer *et al.* 1997).

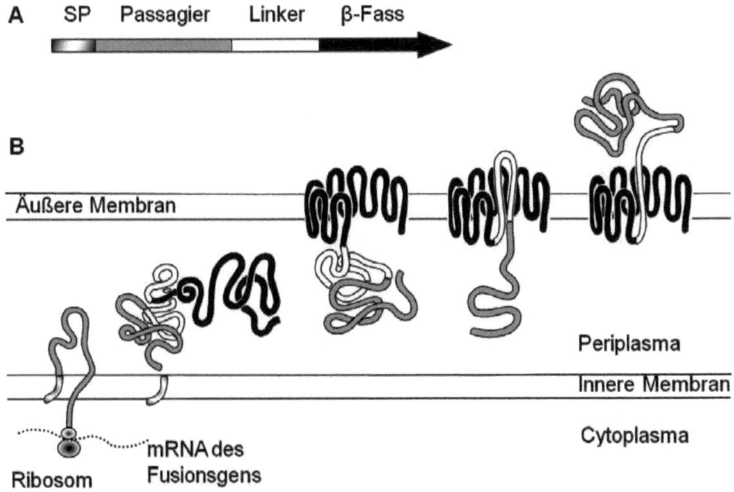

Abbildung 4: Der Sekretionsmechanismus der Autotransporterproteine.
Schematisch dargestellte Primärstruktur eines Vorläufer-Fusionsproteins [A] und postulierter Transportmechanismus des rekombinanten Passagiers in *E. coli* [B]. Durch das N-terminale Signalpeptid wird das Vorläuferprotein über die innere Membran ins Periplasma transportiert. Unter Ausbildung eines porinartigen β-Fasses faltet sich die C-terminale Autotransportereinheit in die äußere Membran. Vermittelt durch den Linker wird der Passagier durch dieses β-Fass an die Zelloberfläche transloziert (Abbildung modifiziert nach Maurer *et al.* (1997)).

Der von Maurer *et al.* (1997) postulierte Transportmechanismus des Autodisplay-Systems ist in Abbildung 4 B schematisch dargestellt. Dieser beruht auf dem sogenannten Typ Va Sekretionsweg gramnegativer Bakterien, der von Pohlner et al. (1987) zum ersten Mal für die IgA-Protease aus *Neisseria gonorrhoeae* beschrieben wurde. Das Signalpeptid dient dem Transport über die innere Membran, welcher über den sogenannten Sec-Apparat des Typ V-Proteinsekretionsweges gramnegativer Bakterien erfolgt (zusammengefasst durch Henderson *et al.* (2004)). Durch die periplasmatische Signalpeptidase wird dann das Signalpeptid von dem Fusionsprotein getrennt und die Translokation über die äußere Membran kann erfolgen. Zu diesem Zweck bildet die β-Fass-Domäne in der äußeren Membran eine aus 14 amphipatischen Faltblättern bestehende, porinartige Tertiärstruktur aus. Der Transport des Passagiers geschieht dann mit Hilfe des Linkers, der, in das β-Fass inkorporiert, eine haarnadelartige Struktur bildet und durch diese den Passagier an die Oberfläche transportiert. Die Ausbildung der Quartärstruktur erfolgt dann an der Zelloberfläche. Die auf diese Weise exprimierten und in der äußeren Membran immobilisierten Fusionsproteine zeichnen sich durch eine verbesserte Stabilität aus. Zudem birgt Autodisplay auch die schon beschriebenen, für Ganzzellbiokatalysatoren geltenden Vorteile. Die Erzeugung des Zielproteins gelingt durch simples Kultivieren der Zellen, aufwendige Aufreinigungsschritte des Proteins entfallen und durch einfaches Abtrennen aus dem entsprechenden Reaktionsansatz können die Protein-präsentierenden Zellen zurück gewonnen werden.

Die Passagierdomäne ist variabel und so kann der für den ursprünglichen Passagier CTB kodierende Sequenzabschnitt gegen den offenen Leserahmen anderer Proteine oder Peptide beliebig ausgetauscht werden. Daher sind die Einsatzgebiete von Autodisplay vielfältig, so können z.B. Antigene für Bindungsstudien mittels ELISA oder ein „epitope mapping" leichter zugänglich gemacht werden (Petermann *et al.* 2010). Auch kombinatorische Peptidbibliotheken können exprimiert und anschließend mittels Durchflusszytometrie untersucht werden. Auf diese Weise können beispielsweise Peptidinhibitoren oder Antikörper modifiziert und in Bindungsstudien nach ihrer Güte ausgewählt werden (Jose *et al.* 2005; Blasshofer 2008). Weiterhin besteht die Möglichkeit durch Autodisplay von Enzymen leicht verfügbare Ganzzellbiokatalysatoren herzustellen. So war es Lattemann *et al.* (2000) gelungen, eine β-Lactamase funktionell auf der Zelloberfläche zu exprimieren. Es folgten Arbeiten zum Autodisplay aktiver Esterasen (Schultheiss *et al.* 2002; Schultheiss *et al.* 2008) und Hyaluronidasen (Kaeßler *et al.* 2010). Weitere Arbeiten deuten darauf hin, dass mittels Autodisplay auch funktionelle Oligomere exprimiert werden können. Jose und von Schwichow (2004) zeigten durch Autodisplay einer aktiven Sorbitdehydrogenase, dass die als Membrananker dienenden β-Fässer in der Membran beweglich sind und eine spontane Dimerisierung der Passagiereinheiten stattfindet. Autodisplay der funktionellen Proteinkinase CK2 (Gratz 2010) und einer aktiven Nitrilase aus *Alcaligenes faecalis* (Detzel *et al.* 2010) lassen den Schluss zu, dass sich auch Heterotetramere (im Fall der CK2) und größere Aggregate aus bis zu 14 Untereinheiten (Nitrilase) auf der Zelloberfläche zusammenlagern können. Die Ergebnisse zum Autodisplay funktionellen bovinen Adrenodoxins indizieren die mögliche, nachträgliche Anlagerung von Cofaktoren bzw. prosthetischen Gruppen an oberflächenexprimierte Proteine (Jose *et al.* 2002). Dabei gelang die Zusammenlagerung durch nachträgliche Zugabe des benötigten Eisen-Schwefel-Clusters zu den Zellen in Reaktionspuffer. Mit Autodisplay steht somit ein vielseitiges und leistungsfähiges Werkzeug zur Verfügung.

3.1.6 Ziele der Arbeit

Die biokatalytische Anwendung von Enzymen findet in der sogenannten Weißen Biotechnologie längst eine breite Anwendung. Einem effizienten und nachhaltigen Einsatz stehen dennoch nach wie vor die geringe Stabilität und Wiederverwendbarkeit der reinen Proteinpräparate entgegen. Eine Möglichkeit diese Nachteile zu umgehen stellt die Erzeugung von Ganzzellbiokatalysatoren dar. Besonders interessant sind in dieser Hinsicht Zellen, die im sogenannten „Surface Display" die Zielenzyme auf ihrer Oberfläche präsentieren. Die Enzyme sind dadurch immobilisiert, stabilisiert und stehen in direktem Kontakt mit dem Substrat, welches keine Membranen passieren muss.

In der vorgelegten Arbeit sollte Autodisplay zur Herstellung von Ganzzellbiokatalysatoren verwendet werden. Dazu sollte mit der NADH-Oxidase aus *Lactobacillus brevis* erstmals ein homotetrameres Enzym als Passagier im Autodisplay verwendet werden, das einen FAD-Cofaktor trägt. Der Ganzzellbiokatalysator sollte weiterhin auf seine Aktivität, Lagerungsfähigkeit und Wiederverwendbarkeit untersucht werden.

Ein weiterer Ganzzellbiokatalysator sollte durch Expression einer dimeren Prenyltransferase erzeugt werden. Dieser könnte dann zur chemoenzymatischen Synthese von z. B. Ergotalkaloiden dienen. Auch dieser Ganzzellbiokatalysator sollte auf Aktivität, Lagerungsfähigkeit und Wiederverwendbarkeit untersucht werden.

4 Materialien

4.1 Materialien

4.1.1 Geräte

Tabelle 1: In dieser Arbeit eingesetzte Geräte

Gerät	Bezeichnung	Firma
Agarose-Gelelektrophoresekammer	Electrophoresis Sub System 150	Labnet, Edison, NJ, USA
Autoklav	3850 ELV	Systec, Wettenberg
Brucheisbereiter	Icematic D 201	Castel MAC Castelfranco Veneto , IT
Brutschrank	Г10026028	Memmert, Schwalbach
Elektroporator	2510	Eppendorf, Hamburg
Feinwaage	2001 MP2	Sartorius, Göttingen
Geldokumentation	Gel Jet Imager	Intas, Göttingen
Gefriertrockner	Lyovac GT2	SRK- Systemtechnik, Riedstadt
Heizblock	AccuBlock Digital Dry Bath	Labnet, Edison, NJ, USA
Heizmagnetrührer	RCT IKAMAG	IKA, Staufen
HPLC	HPLC Series 1090	HP Labs, Bristol, GB
HPLC (LC-MS)	Agilent HPLC Series 1100	Agilent, Santa Clara, CA, USA
HPLC- Säule	Multospher 120, RP18	Göhler, Chemnitz
Inkubationsschüttler	Minitron	Infors, Einsbach
Kühl/Gefrierkombination (4 °C/20 °C)	Fris88f	Thermo Fisher, Dreieich
Kühlzentrifuge	Universal 32R	Hettich, Tuttlingen
Kühlzentrifuge	Sorvall RC-5C Plus	Thermo Fisher, Dreieich
Mehrfachdispenser	HandyStep electronic	Brand, Wertheim
Mehrkanalpipette	SL-Pette Mehrkanal	Süd- Laborbedarf, Gauting
Mikrowellengerät	MW 1000	Alaska, Mannheim
Mikrotiterplattenreader	Mithras LB 940	Berthold, Bad Wildbach
Massenspektrometer (LC-MS)	TSQ Quantum	ThermoFinnigan, Basel
Netzteil	Standard Power Pack P25	Biometra, Göttingen
pH- Meter, Einstabmesskette	pH- Meter 766 Calmatic	Knick, Berlin
Photometer	Genesys 6	Thermo Fisher, Dreieich
Pipetten	Pipetman P2, P10, P20, P200, P1000	Gilson, Villiers le Bel, FR
Reinstwasseranlage	MiliQ Biocel	Millipore, Eschborn
Rotoren (Sorvall)	SS-34, SLA-1500	Thermo Fisher, Dreieich
Rotoren (Hettich)	1612, 1617, 1622, 2424	Hettich, Tuttlingen
SDS- PAGelelektrophorese- und Blottingkammer	Mini Protean TetraCell	Bio-Rad, München
Spülmaschine	Compact-Desinfektor G7783CD	Miele, Gütersloh
Thermocycler	Mastercycler Gradient	Eppendorf, Hamburg
Thermocycler	Primus 25 advanced	PeqLab, Erlangen
Thermoschüttler	Vortemp 56	Labnet, Edison, NJ, USA
Thermoschüttler	PHMT	Grant- Bio, Cambridge, GB

Gerät	Bezeichnung	Firma
Tiefkühltruhe (-70 °C)	HT2086	Hettich, Tuttlingen
Tischzentrifuge	MiniSpin	Eppendorf, Hamburg
Tischzentrifuge (kühlbar)	Mikro 200R	Hettich, Tuttlingen
Vortex Schüttler	Vortex Genie 2	Scientific Industries, Bohemia, NY, USA
Waage	SBA 52	Scaltec, Göttingen
Wärme/Trockenschrank	ET 6130	Heraeus, Hanau
Wasserbad	Extratherm U3 electronic	Julabo, Seelbach

4.1.2 Chemikalien und Materialien

Tabelle 2: In dieser Arbeit verwendete Chemikalien und Materialien

Bezeichnung	Bezugsquelle
1,4-Dithithreitol	AppliChem, Darmstadt
2-Mercaptoethanol	Roth, Karlsruhe
2-Propanol	Sigma-Aldrich, Deishofen
4-Chloro-1-Naphtol	Sigma-Aldrich, Deishofen
Agar-Agar	Roth, Karlsruhe
Agarose NEEO Ultra- Qualität	Roth, Karlsruhe
Ammoniumchlorid	Grüssing, Filsum
Ampicillin-Natriumsalz	Roth, Karlsruhe
Aprotinin	Roth, Karlsruhe
APS	Merck, Darmstadt
Bromphenolblau	Fisher Scientific, Schwerte
BSA	Roth, Karlsruhe
Calciumchlorid-Dihydrat	Sigma-Aldrich, Deishofen
Coomassie Brilliant Blue R 250	Serva, Heidelberg
D-Glucose	Fisher Scientific, Schwerte
D-Saccharose	Roth, Karlsruhe
Dialyse- Membranfilter	Millipore, Eschborn
Di-Kaliumhydrogenphosphat	Merck, Darmstadt
Dimethylallylpyrophosphat	AK Li, Synthese nach (Woodside *et al.* 1988)
Di-Natriumhydrogenphosphat	VWR Prolabo, Fontenay sous Bois, FR
EDTA	Roth, Karlsruhe
Essigsäure	Riedel-de-Haën, Seelze
Ethanol	VWR Prolabo, Fontenay sous Bois, FR
Ethidiumbromid	Roth, Karlsruhe
FAD	Sigma-Aldrich, Deishofen
Glycerol	Roth, Karlsruhe
Glycin	Roth, Karlsruhe
Hefeextrakt	Roth, Karlsruhe
HEPES	AppliChem, Darmstadt
IPTG	Fermentas, St. Leon-Rot
Indol-3-propionsäure	Sigma-Aldrich, Deishofen
Kaliumdihydrogenphosphat	Merck, Darmstadt
Kaliumchlorid	Merck, Darmstadt

Bezeichnung	Bezugsquelle
Kanamycinsulfat	Roth, Karlsruhe
Kanülen, Sterican, Größe 1	Braun, Melsungen
L-β-Homotryptophan	Fluka, Seelze
Lactose	Synopharm, Barsbüttel
L-Tryptophan	Sigma-Aldrich, Deishofen
Magnesiumchlorid-Hexahydrat	VWR Prolabo, Fontenay sous Bois, FR
Magnesiumsulfat	Fluka, Seelze
Methanol	Sigma-Aldrich, Deishofen
Mikroreaktionsgefäße (0,2 µL, 1,5 und 2 mL)	Sarstedt, Nümbrecht
Mikrotiterplatten (U-Form, glasklar)	Greiner BioOne, Frickenhausen
NAD^+	Merck, Darmstadt
NADH-Dinatriumsalz	Merck, Darmstadt
Natriumchlorid	Fisher Scientific, Schwerte
Natriumdihydrogenphosphat	J.T. Baker, Deventer, NL
Petrischalen	Greiner BioOne, Frickenhausen
Pipettenspitzen (10 µL)	Gilson, Villiers le Bel, FR
Pipettenspitzen (200 µL, 1000 µL)	Sarstedt, Nümbrecht
PMSF	Sigma-Aldrich, Deishofen
Proteose-Pepton	Becton Dickinson, Heidelberg
PVDF-Membran	Macherey-Nagel, Düren
Rotiphorese Acrylamid Gel 30 (37,5:1)	Roth, Karlsruhe
SDS	Serva, Heidelberg
Spritzen, Omnifix (10 mL, 20 mL)	Braun, Melsungen
Spritzenaufsätze Mehrfachdispenser	Brand, Wertheim
Spritzenvorsatzfilter (steril, 0,22 µm Porengröße)	VWR Prolabo, Fontenay sous Bois, FR
TEMED	Roth, Karlsruhe
Tris-Base	Roth, Karlsruhe
Tris/HCl	Roth, Karlsruhe
Triton X-100	Serva, Heidelberg
Trypton/Pepton aus Casein	Roth, Karlsruhe
Tween 20	Roth, Karlsruhe
UV-Küvetten	Brand, Wertheim
Wasserstoffperoxid	AppliChem, Darmstadt
Zentrifugenröhrchen (15 mL, 50 mL)	Sarstedt, Nümbrecht
Zulkowsky- Stärke	Merck, Darmstadt
β-Mercaptoethanol	Roth, Karlsruhe

4.1.3 Reagenziensätze („kits“)

Tabelle 3: In dieser Arbeit eingesetzte Reagenziensätze

Bezeichnung	Bezugsquelle
PCR-Master-Mix 2,5x	Eppendorf, Hamburg
QIAprep Spin Miniprep Kit	Qiagen, Hilden
QIAquick Gel Extraction Kit	Qiagen, Hilden
TOPO-TA Cloning Kit (pCR2.1)	Invitrogen, Karlsruhe
TOPO-TA Cloning Kit for Sequencing (pCR4)	Invitrogen, Karlsruhe

4.1.4 Antikörper

Tabelle 4: In dieser Arbeit verwendete Antikörper

Bezeichnung	Eigenschaften	Bezugsquelle
Immunserum rabbit fgaPT2	Polyklonales AK- Serum	AK Li
Goat anti-rabbit IgG HRP	Sekundärer Ziege- anti- Kaninchen AK, Meerrettichperoxidase- gekoppelt	Sigma Aldrich, Deishofen
Anti-Riboflavin-AK	Polyklonales AK-Serum, Schaf	Acris Antibodies, Herford
Rabbit Anti-Sheep IgG (H+L)	Sekundärer Kaninchen- anti- Schaf-AK, Meerrettichperoxidase- gekoppelt	BioFX, Owing Mills, MD, USA

4.1.5 Enzyme

Tabelle 5: In dieser Arbeit verwendete, käuflich erworbene Enzyme

Bezeichnung	Bezugsquelle
Acc651	NEB, Frankfurt, a. M.
Acetaldehyddehydrogenase (aus *S. cerevisiae*)	Sigma-Aldrich, Deishofen
His$_8$-FgaPT2	AK Li
KpnI	NEB, Frankfurt, a. M.
Lysozym aus Hühnereiweiß	Roth, Karlsruhe
Phusion DNA-Polymerase	NEB, Frankfurt, a. M.
Proteinase K aus Tritirachium album	Sigma-Aldrich, Deishofen
T4-DNA-Ligase	NEB, Frankfurt, a. M.
XhoI	NEB, Frankfurt, a. M.

4.1.6 Oligonukleotide

Tabelle 6: In dieser Arbeit verwendete Oligonukleotide

Bezeichnung	Funktion	Sequenz
RM005	Amplifikation NOx-ORF, upstream	ATCTCGAGAAAGTCACAGTTGTTGGTTG
RM006	Amplifikation NOx-ORF, downstream	ATGGTACCAGCGTTAACTGATTGGG
EK003	Amplifikation FgaPT2-ORF, upstream	CTGCTCGAGATGAAGGCAGCCAATGCCTC
EK004	Amplifikation FgaPT2-ORF, downstream	GGGGTACCGTGGAGACCGGAATAATATACC

4.1.7 Bakterienstämme

Tabelle 7: In dieser Arbeit verwendete Bakterienstämme

Bezeichnung	Genomische Determinanten	Referenz
***E. coli* BL21(DE3)**	B, F^-, *dcm, ompT, lon, hsdS*(r_B^- m_B^-), *gal*, λ(DE3)	(Studier und Moffatt 1986)
***E. coli* UT5600(DE3)**	F^-, *ara-14, leuB6, secA6, lacY1, proC14, tsx-67, Δ (ompT-fepC)266, entA403, trpE38, rfbD1, rpsL109(Str), xyl-5, mtl-1, thi-1,* λ (DE3)	(Jose und Handel 2003)
***E. coli* DH5α**	F^-, *φ80dlacZ ΔM15, Δ (lacZYA-argF)U169, deoR, recA1, endA1, hsdR17(rK$^-$mK$^+$), phoA, supE44, λ -, thi-1, gyrA96, relA1*	(Bethesda Research Labs, 1986)
***E. coli* One Shot® TOP10**	*F- mcrA Δ(mrr-hsdRMS-mcrBC) φ80lacZΔM15 ΔlacX74 recA1 araD139 Δ(araleu) 7697 galU galK rpsL (StrR) endA1 nupG*	Invitrogen, Groningen, NL

4.1.8 Plasmide

Tabelle 8: In dieser Arbeit verwendete Plasmide

Bezeichnung	Eigenschaften	Quelle
pAT-NOx	aph, T7 Promotor (pET- System), AT- Fusionsgen mit NADH-Oxidase-ORF als Passagier, lacI, ColA origin	Litsanov (2006), siehe Anhang
pCR4®-TOPO®	bla, aph,Topoisomerase gekoppelte Klonierungs-stelle mit TA-Überhang, lacI, pUC origin	Invitrogen, Groningen, NL
pET-Adx04	bla, T7 Promotor (pET- System), AT- Fusionsgen mit Adrenodoxin-ORF als Passagier, lacI, ColE1 origin	(Jose *et al.* 2002)
pIU18	aph, T7 Promotor, His8-FgaPT2, lacI, ColE1 origin,	(Steffan *et al.* 2007)
pEK004	bla, T7 Promotor (pET- System), AT- Fusionsgen mit FgaPT2-ORF als Passagier, lacI, ColE1 origin	Diese Arbeit, siehe Anhang

4.2 Nährmedien, Puffer und Lösungen

4.2.1 Nährmedien

Zur Zellanzucht wurde Lysogeny Broth (LB) oder M9- Minimalmedium verwendet (Sambrook *et al.* 1989). LB- Medium diente auch zur Herstellung von Agarplatten. Dafür wurden 16 g Agar-Agar pro Liter Medium zugegeben. Zur Selektion plasmidhaltiger Zellen wurden Ampicillin (50 µg/mL) oder Kanamycin (15 µg/mL) genutzt. Bakterienstämme, die cysteinhaltige Proteine transportieren, wurden unter reduzierenden Bedingungen (10 mM Mercaptoethanol) angezogen, um die Bildung von Disulfiden und damit eine Faltung oder Multimerisierung zu verhindern. Alle Nährmedien wurden im Autoklav Systec 3850 ELV bei 121 °C und 1,1 kg/cm^2 Druck für 20 Minuten sterilisiert. Nicht autoklavierbare Zusätze wie Glucose, Salzlösungen oder Antibiotika wurden sterilfiltriert (Porengröße 0,22 µM) und den Medien vor Verwendung zugesetzt.

Lysogeny Broth (LB)

10 g/L Trypton, 5 g/L Hefeextrakt, 10 g/L NaCl, 16 g/L Agar (bei Festmedien)

M9-Minimalmedium

6 g/L Na_2HPO_4, 3 g/L KH_2PO_4 0,5 g/L NaCl, 1 g/L NH_4Cl, separat vor Verwendung zugeben: 2 mM $MgSO_4$, 0,1 mM $CaCl_2$, 0,2 % Glucose

SOC-Medium

20 g/L Trypton, 5 g/L Hefeextrakt, 0,5 g/L NaCl, 2,5 mM/L KCl, 20 mM D-Glucose (sterilfiltriert), 10 mM $MgCl_2$ (autoklaviert)

SOC- Medium wurde zu Äquilibrierung und Anzucht der Zellen nach einer Elektroporation genutzt (Sambrook *et al.* 1989).

PPM-Medium

15 g/L Proteose Pepton, 5 g/L NaCl, 1 g/L Zulkowsky- Stärke, 1 g/L KH_2PO_4, 0,8 g/L K_2HPO_4, 20 % (v/v) Glycerol

PPM- Medium wurde zur Langzeitlagerung der Bakterienstämme bei -72 °C verwendet

2xYT-Medium

16 g/L Trypton, 10 g/L Hefeextrakt, 5 g/L NaCl

4.2.2 Puffer und Lösungen

Sofern nicht anders angegeben, wurden alle Lösungen mit Reinstwasser angesetzt.

TBS 10x

80 g/L NaCl, 2 g/L KCl, 30 g/L Tris- Base (pH 7,4)

PBS 10x

80 g/L NaCl, 2 g/L KCl, 14,4 g/L Na_2HPO_4, 2,4 g/L KH_2PO_4 (pH 7,4)

TE 10x

100 mM Tris/HCl pH 7,4, 10 mM EDTA pH 8,0

Lösungen zur Plasmidisolierung nach Birnboim und Doly

L1	50 mM Tris/HCl pH 8,0; 10 mM EDTA; 100 µg/mL RNAse
L2	0,2 M NaOH; 1 % SDS
L3	60 mL Kaliumacetat 5 M; 11,5 mL Eisessig; 28,5 mL Reinstwasser; pH 4,8

Ethanol 70 %

Isopropanol p.a.

Lösungen für die Agarose-Gelelektrophorese

TAE-Puffer 50x	2 M Tris, 0,05 M EDTA, 0,5 M Na-acetat, pH 7,8 mit Eisessig einstellen
Probenpuffer	1 % SDS, 50 % Glycerol, 0,02 % Bromphenolblau
Färbelösung	1 µg/mL Ethidiumbromid in 1 L TAE 1x

Lösungen für die Isolierung von Proteinen der äußeren Bakterienmembran

Tris/HCl-Puffer	0,2 M Tris/HCl (pH 8)
Saccharoselösung	1,0 M Saccharose
EDTA-Lösung	10 mM EDTA
Lysozym	10 mg/mL Lysozym
PMSF	100 mM PMSF in Isopropanol
Aprotinin	10 mg/mL Aprotinin in 10 mM HEPES pH 8
Extraktionspuffer	50 mM Tris/HCl (pH 8), 10 mM $MgCl_2$, 2 % (v/v) Triton X 100
DNAse I	1,0 mg/mL DNAse I
Proteinase K	5,0 mg/mL Proteinase K

Lösungen für die SDS-Polyacrylamid-Gelelektrophorese

2x Protein-Probenpuffer, reduzierend	125 mM Tris/HCl (pH 6,8), 4% SDS, 2 mM EDTA, 0,2% Bromphenolblau, 20% Glycerol, 200 mM DTT
Acrylamidlösung	30 % Acrylamid, 0,8 % Bisacrylamid
Sammelgel-Puffer 4x	0,5 M Tris/HCl (pH 6,8), 0,4 %SDS, 0,4 % TEMED
Trenngel-Puffer 4x	1,5 M Tris/HCl (pH 8,8), 0,4 %SDS, 0,4 % TEMED
APS-Lösung	10 % APS (m/v) in Reinstwasser
10x SDS-Laufpuffer	0,25 M Tris, 1,92 M Glycin, 1 % SDS

Größenmarker zur Bestimmung des apparenten Molekulargewichts

PageRuler Unstained Protein Ladder (Fermentas)	Referenzproteine bei 200, 150, 120, 100, 85, 70, 50, 40, 30, 25, 20, 15, 10 kDa
PageRuler Prestained Protein Ladder (Fermentas)	Referenzproteine bei 170, 130, 95, 72, 55, 43, 34, 26, 17, 11 kDa

Lösungen für die Färbung eines SDS-Gels

Färbelösung	2,5 g Coomassie Brillant Blau R 250, 450 mL Methanol, 450 mL Reinstwasser, 100 mL Eisessig
Entfärbelösung	10 % Essigsäure

Lösungen für die Western Blot Analyse

Transferpuffer	25 mM Tris, 1,92 M Glycin, 200 mL Methanol, Reinstwasser ad 1000 mL
TBS 1x	100 ml TBS 10x, 900 mL Reinstwasser

Blockpuffer	TBS 1x, 3% BSA
4-Chloro-1-Naphthol-Lösung	15 mg 4-Chloro-1-Naphthol in 5 mL Methanol lösen und 25 mL TBS 1x + 15 µL eiskalten H_2O_2 dazugeben

Lösungen für die NOx-Aktivitätsbestimmung

Kaliumphosphatpuffer	0,1 M, pH 7,5
FAD-Stammlösung	10 mM
NADH-Stammlösung	10 mM

Lösungen für den kombinierten Einsatz von NOx und AlDH

Tris/HCl	0,2 M, pH 7,5
Kaliumchlorid-Stammlösung	1 M
Enzym-Lösungspuffer	Tris/HCL 0,2 M, pH 7,5 + 0,02 % BSA
AlDH-Stammlösung	10 U/mL in Enzym- Lösungspuffer
Acetaldehyd-Stammlösung	100 mM
β-Mercaptoethanol	1 M
NADH-Stammlösung	10 mM
NAD^+-Stammlösung	20 mM

Lösungen für die FgaPT2-Aktivitätsbestimmung

Tris/HCl	50 mM, pH 7,5
Substratstammlösung	10 mM Tryptophan/-derivat
DMAPP-Stammlösung	10 mM

5 Methoden

5.1 Arbeiten mit Bakterien

5.1.1 Kultivierung

Zur Kultivierung auf LB-Platten wurde von einer Platten- oder Stichkultur mit einer sterilisierten Impföse ein Verdünnungsausstrich angefertigt oder steril eine Kugel der Dauerkultur aus der Stammhaltung auf die Platte gebracht und geschwenkt. Die Platten enthielten bei Stämmen ohne Plasmid kein Antibiotikum, bei Stämmen mit Plasmid abhängig von dem vom Bakterienstamm gebildeten Selektionsmarker 50-100 µg/mL Ampicillin oder 15-30 µg/mL Kanamycin. Die Platten wurden über Nacht im Brutschrank bei 37 °C inkubiert.

Übernachkulturen wurden in 20 mL LB-Medium oder M9-Minimalmedium angesetzt und bei 37 °C und 200 rpm geschüttelt. Zum Beimpfen wurde entweder eine Kolonie einer Plattenkultur, 1 Kugel einer Dauerkultur aus der Stammsammlung oder 20 µL einer Glycerolkultur verwendet. Enthielten die Stämme Plasmide, die als Selektionsmarker für eine oder mehrere Antibiotikaresistenzen kodierten, so wurden 50-100 µg/mL Ampicillin oder 15-30 µg/mL Kanamycin zugesetzt.

Hauptkulturen in LB-Medium wurden mit 1/100 ihres Volumens mit der Übernachtkultur inokuliert. Alle Kulturen wurden mit 10 mM β-Mercaptoethanol, 10 µM EDTA und abhängig von dem im Stamm enthaltenen Plasmid mit Antibiotika versetzt und bei 37 °C und 200 rpm bis zur angestrebten optischen Dichte kultiviert. Hauptkuluturen in M9-Minimalmedium wurden mit 1/20 ihres Volumens mit einer ebenfalls in M9 kultivierten Übernachtkultur inokuliert. Diesen Hauptkulturen wurde ebenfalls Antibiotikum, jedoch kein β-Mercaptoethanol zugegeben.

5.1.2 Stammhaltung

Plattenkulturen wurden wie unter 5.1.1 beschrieben beimpft und bis zu vier Wochen bei 4 °C im Kühlschrank gelagert.

Zur Lagerung für mehr als vier Wochen wurden die Zellen in Flüssigkultur wie unter 5.1.1 angezogen, 1 mL der Suspension zentrifugiert und in 1 mL 20 % igem Glycerol resuspendiert. Die Kulturen wurden bei -20 °C im Gefrierschrank bis zu sechs Monate gelagert.

Zur Dauerkultur wurde eine LB-Platte mit Bakterien beimpft und über Nacht im Brutschrank inkubiert. Die komplette Kultur wurde mit einem sterilen Wattestäbchen aufgenommen und in 1,5 mL PPM-Medium resuspendiert. Die resuspendierten Zellen wurden gleichmäßig auf zwei sterile, mit Glaskügelchen befüllte Kryoröhrchen verteilt und in einem Ethanol-Trockeneisbad auf schockgefroren. Die Röhrchen wurden zur dauerhaften Lagerung bei −70 °C in der Gefriertruhe aufbewahrt.

5.1.3 Bestimmung der optischen Dichte

Für einige Anwendungen ist es wichtig die Zellzahl der Kultur zu kennen. Die Bakterienzellen absorbieren und streuen Licht einer bestimmten Wellenlänge (578 nm). Über die Absorption lässt sich auf die optische Dichte (OD) und damit auf die Zellzahl rückschließen. Die Kultur wurde mit LB-Medium 1:10 verdünnt, in Plastikküvetten der Firma Brand pipettiert und die optische Dichte gegen LB-Medium bei 578 nm im Photometer gemessen. Für *E. coli* entspricht eine OD_{578} von 1 näherungsweise einem Wert von 2,5 x 10^8 Zellen pro mL (Sambrook *et al.* 1989).

5.1.4 Induktion der Proteinexpression

Standardmäßig wurden die Zellen einer Flüssigkultur bis zu einer optischen Dichte von 0,5 angezogen. Die Proteinexpression wurde mit 1 mM Isopropyl-β-thiogalactosid bei 30 °C für eine Stunde oder über Nacht induziert und durch eine Lagerung bei 4 °C gestoppt.

5.1.5 Herstellung elektrokompetenter Stämme

Zum Einbringen von Plasmid-DNA in Bakterien durch Elektroporation werden salzarme Zellsuspensionen benötigt. Eine Übernachtkultur (25 mL LB-Medium) wurde mit frisch aus der Stammsammlung entnommenen Zellen inokuliert und bei 37 °C und 200 rpm angezogen. Die Hauptkultur (500 mL vorgewärmtes YT-Medium) wurde mit der gesamten Übernachtkultur beimpft und bis zu einer optischen Dichte OD_{578} von 0,35 bei 37 °C und 200 rpm inkubiert. Die Zellsuspension wurde auf vorgekühlte Zentrifugenbecher verteilt und ruhte 20 Minuten unter gelegentlichem Schwenken auf Eis. Die Zellsuspension wurde bei 4 °C und 1000 x g für 15 Minuten in der Sorvall RC-5C Plus Zentrifuge zentrifugiert, der Überstand verworfen und der Rückstand in 10 mL eiskaltem Reinstwasser resuspendiert. Alle Aliquots wurden vereinigt, mit eiskaltem Reinstwasser auf 100 mL aufgefüllt und erneut zentrifugiert. Der Überstand wurde verworfen, die Zellen in 10 mL eiskaltem 10 % igem Glycerol resuspendiert und mit derselben Lösung auf 100 mL aufgefüllt. Nach erneuter Zentrifugation und Resuspension in 10 mL eiskaltem 10 % igem Glycerol wurden die Bakterien 20 Minuten bei 4 °C und 1000 x g in der Hettich Universal 32 R Tischzentrifuge sedimentiert und vorsichtig in 1 mL eiskaltem 10 % igem Glycerol gelöst. Die Zellzahl wurde durch Messung der OD einer 1:100-Verdünnung bei

578 nm bestimmt und die Zellsuspension wurde ggf. verdünnt, so dass eine Zellzahl von 2-3 x 10^{10} Zellen/mL erreicht wurde. Die Zellsuspension wurde in Aliquots von 50 µl aufgeteilt, im Ethanol-Trockeneis-Bad schockgefroren und bei -70 °C in der Kühltruhe gelagert.

5.1.6 Transformation durch Elektroporation

Ein 50 µL-Aliquot elektrokompetenter *E. coli*-Zellen des einzusetzenden Stammes wurde auf Eis aufgetaut und mit einem entsprechenden Volume (1-10 µL) Plasmid-DNA oder zuvor dialysiertem Ligationsansatz versetzt. Diese Suspension wurde vollständig in eine eisgekühlte Elektroporationsküvette (Spaltbreite 1 mm) pipettiert und im Elektroporator 22510 (Eppendorf, Hamburg) für 5 ms einer Spannung von 1800 V ausgesetzt. Sofort wurde 1 mL auf 37 °C vorgewärmtes SOC- Medium zugegeben und der Ansatz in ein steriles Mikroreaktionsgefäß (2 mL) überführt. Der Transformationsansatz wurde für 60 min bei 37 °C und 100 rpm inkubiert. Anschließend wurden verschiedene Volumina der Zellsuspension (20- 100 µL, ggf. verdünnt mit LB-Medium) auf LB-Agarplatten ausgestrichen. Die gewählten Platten enthielten das Selektionsantibiotikum, gegen das erfolgreich transformierte Zellen resistent waren.

5.1.7 Lyophilisieren von Zellproben

Hauptkulturen zu lyophilisierender Zellen wurden wie unter 5.1.1 kultiviert und wie unter 5.1.4 beschrieben wurde die Proteinexpression induziert und anschließend gestoppt. Die Zellen wurden durch Zentrifugation sedimentiert und zwei Mal in geeignetem Puffer gewaschen. Nach dem Waschen gewonnene Zellsedimente wurden so in 12 % iger Saccharoselösung suspendiert, dass eine OD_{578} von etwa 100 vorlag. Die Saccharose dient der Stabilisierung der Zellen während des Lyophilisierungsprozesses. Die Zellsuspension wurde zu 200 µL aliquotiert in Mikroreaktionsgefäße (2 mL) überführt und in flüssigem Stickstoff schockgefroren. Die gefrorenen Proben wurden in zuvor tiefgekühlte Metallblöcke mit passenden Bohrungen verbracht um eine gleichmäßige Kälteübertragung während der Lyophilisierung zu gewährleisten. Die die Proben enthaltenden Metallblöcke wurden in die Probenkammer des LyovacGT2 (SRK Systemtechnik, Riedstadt) verbracht, die Mikroreaktionsgefäße wurden geöffnet und die darin enthaltenen Zellen anschließend über Nacht bei -30 °C und 0,7 mbar lyophilisiert.

5.2 Arbeiten mit Nukleinsäuren

5.2.1 Plasmidisolierung

Für analytische Zwecke wurde die Plasmid-DNA von *E. coli* mit der Methode der alkalischen Lyse ohne Phenol/Chloroform-Extraktion gewonnen (Birnboim und Doly 1979). Dazu wurde zumeist das Sediment einer 2 mL-Flüssigkultur eingesetzt. Nach dem letzten Waschschritt in Ethanol und Trocknen des Plasmid-DNA-Sedimentes wurde dieses zur weiteren Verwendung in 30 µL Reinstwasser gelöst. Für Anwendungen, die einer reineren Plasmid-DNA bedurften, wie beispielsweise Klonierungen oder Sequenzanalysen wurde die Isolierung mit Hilfe des „QIAprep Miniprep Spin Kits" (Qiagen, Hilden) vorgenommen. Die dafür erforderlichen Arbeitsschritte wurden gemäß der Anleitung des Herstellers durchgeführt.

5.2.2 Polymerasekettenreaktion

Die Vervielfältigung der offenen Leserahmen, die NOx und FgaPT2 codierten, erfolgte durch die Polymerasekettenreaktion (PCR) (Saiki *et al.* 1988). Als Matrizen zur Amplifikation wurden die Plasmide pET21aNOx (siehe auch Litsanov (2006)) bzw. pIU18 (Steffan *et al.* 2007) eingesetzt. Die verwendeten Primer sind unter 4.1.6 angegeben. Diese waren so konstruiert, dass das während der PCR gebildete Amplikon lateral Erkennungssequenzen für Restriktionsendonukleasen trug und so in einen passenden Vektor inseriert werden konnte.

Die PCR wurde mit dem „PCR-Master-Mix S" (PeqLab, Erlangen) in einem Gesamtvolumen von 50 µL in folgender Zusammensetzung durchgeführt:

Plasmid- DNA (Matrize)	0,25 µL
forward Primer (10 µM)	1 µL
reverse Primer (10 µM)	1 µL
Eppendorf MasterMix 2,5x	20 µL
Reinstwasser	27,75 µL

Die so zusammengesetzten Proben wurden in den Thermocycler verbracht und die Schritte 2-4 des folgend dargestellten Zyklus wurden zur Amplifikation des FgaPT2-ORFs und des NOx-ORFs 30x wiederholt:

	Schritt	FgaPT2-ORF		NOx-ORF	
1)	Initiale Denaturierung	95 °C	5 min	95 °C	5 min
2)	Denaturierung	95 °C	30 s	95 °C	30 s
3)	Hybridisierung	53 °C	30 s	55 °C	30 s
4)	Elongation	72 °C	1 min	72 °C	1 min 30 s
5)	Finale Elongation	72 °C	2 min	72 °C	4 min

Die entstandenen PCR- Produkte wurden auf Eis gelagert und zügig weiterverarbeitet oder bei -20 °C für einige Tage gelagert.

5.2.3 Ligation

Zur Insertion von Passagier-DNA-Fragmenten in die Autotransportereinheit eines entsprechenden Plasmids wurde T4-DNA-Ligase verwendet. Diese verknüpft DNA-Fragmente mit kompatiblen Enden enzymatisch miteinander. Für die Reaktion wurden T4-DNA-Ligase, die zu ligierenden DNA-Fragmente und T4-DNA-Ligase-Puffer in Reinstwasser zusammengegeben. Das Verhältnis von Vektor- und Insert-DNA betrug dabei 1:3. Diese Ansätze wurden 16 h bei 16 °C inkubiert. Im Anschluss daran wurde die T4-DNA-Ligase durch Hitze deaktiviert (10 min, 65 °C). Das Produkt der Ligation wurde durch Dialyse entsalzt und zur Transformation von kompetenten *E. coli*-Stämmen eingesetzt.

5.2.4 Entsalzen von DNA-Lösungen mittels Dialyse

Hohe Salzkonzentrationen in den zu transformierenden DNA-Lösungen setzen die Effizienz einer Elektroporation herab. Zu einer Verminderung der Salzkonzentration wurden entsprechende DNA-Lösungen standardmäßig dialysiert. (MF Membranfilter VSWP02500, Porenweite 0,025 µm). Dazu wurde eine Petrischale mit einigen mL Reinstwasser befüllt und ein Viertel der zuvor zugeschnittenen Membran auf die Wasseroberfläche gelegt. Max. 20 µL der DNA-Lösung wurde auf die Membran pipettiert. Nach ca. 30 min wurde der Tropfen vorsichtig in ein Mikroreaktionsgefäß überführt.

5.2.5 Enzymatische Spaltung von DNA-Fragmenten

Sowohl für analytische als auch für präparative Zwecke wurden Plasmide und andere DNA- Moleküle unter Verwendung von Restriktionsendonukleasen gespalten. Es wurden Restriktionsendonukleasen der Firma New England Biolabs (Karlsruhe) verwendet. Die Ansätze enthielten neben der zu spaltenden DNA etwa 5-20 Units des oder der benötigten Enzyme, den mitgelieferten, passenden Reaktionspuffer und Reinstwasser. Diese wurden dann bei 37 °C für 2-3 h oder über Nacht inkubiert. Wurde die Spaltung für rein analytische Zwecke vorgenommen, konnte sie auch in der Mikrowelle durchgeführt werden. Dafür wurden die Ansätze etwa 30 sec auf Temperaturstufe „medium high" in der MW1000 von Alaska (Mannheim) inkubiert.

5.2.6 Agarosegelelektrophorese

Die aufzutrennenden DNA-Proben wurden mit einem äquivalenten Volumen an 10x Gelladepuffer versetzt. Das darin enthaltene EDTA bewirkt durch eine Komplexierung zweiwertiger Ionen das Abstoppen eines Restriktionsendonukleaseverdaus und das darin enthaltene Glycerol verändert die spezifische Dichte so, dass die Proben beim Auftrag in die Taschen des Gels absinken. Das außerdem im Puffer enthaltene Bromphenolblau diente als Farbmarker um den Verlauf der Elektrophorese verfolgen zu können. Standardmäßig wurden Agarosekonzentrationen von 0,8% Prozent verwendet. Die Proben wurden durch Anlegen einer Spannung von 120 V in TAE-Laufpuffer 1x aufgetrennt. Die Laufstrecke variierte und richtete sich nach der Größe der aufzutrennenden Fragmente.

Die Anfärbung der DNA- Fragmente erfolgte durch Ethidiumbromid. Dazu wurde das Gel etwa 20 min im Färbebad (1 mg/L Ethidiumbromid in TAE-Puffer 1x) eingelegt und anschließend unter fließendem Wasser entfärbt. Die Fluoreszenz des Ethidiumbromids wurde in einem Transilluminator durch UV-Licht der Wellenlänge 302 nm angeregt und mit Hilfe eines Videodokumentationssystems dokumentiert.

5.2.7 Extraktion von DNA-Fragmenten aus Agarosegel

DNA-Fragmente von Interesse wurden nach einer Auftrennung mittels Agarose-Gelelektrophorese und der Detektion mit Ethidiumbromid mit Hilfe eines Skalpells ausgeschnitten und in ein 2 ml Mikroreaktionsgefäß überführt. Die DNA wurde mit Hilfe des QIAquick Gel Extraction Kits (Qiagen, Hilden) extrahiert und mit 20 µl Reinstwasser eluiert. Die dafür erforderlichen Arbeitsschritte wurden gemäß der Anleitung des Herstellers durchgeführt.

5.2.8 DNA-Sequenzanalyse

Zur Sequenzanalyse wurde die Plasmid-DNA einer Platten- oder Flüssigkultur mit Hilfe des Qiaprep Spin Miniprep Kit (Qiagen, Hilden) isoliert und dem Biologisch-Medizinischen Forschungszentrum Düsseldorf (BMFZ) übergeben. Dort erfolgte die Sequenzanalyse nach der Kettenabbruch-Methode (Sanger *et al.* 1977). Es wurden Geräte der Firma Applied Biosystems genutzt.

5.3 Arbeiten mit Proteinen

5.3.1 Isolierung von Proteinen der äußeren Bakterienmembran

Um die Lokalisierung der Autotransporterproteine zu überprüfen, müssen die einzelnen Kompartimente der Bakterienzelle voneinander getrennt und die Außenmembranproteine angereichert werden. Zu diesem Zweck wurde ein modifiziertes Protokoll nach Hantke (Hantke 1981) verwendet.

Eine Übernachtkultur (20 mL LB-Selektionsmedium) wurde mit einer Kolonie einer Plattenkultur inokuliert und bei 37 °C und 200 rpm kultiviert. Die Hauptkultur (LB-Selektionsmedium, 10 mM Mercaptoethanol, 10 µM EDTA) wurde mit 1/100 ihres Volumens an Übernachtkultur inokuliert und bis zu einer optischen Dichte (OD) von 0,5 im Schüttelinkubator bei 37 °C und 200 rpm inkubiert. Hauptkulturen in M9-Minimalmedium wurden wie in 5.1.1 beschrieben kultiviert. Anschließend wurde die Kultur geteilt. Ein Teil blieb unbehandelt (Negativkontrolle), im anderen Teil wurde die Proteinexpression durch Zugabe von 1 mM Isopropylthiogalactosid eine Stunde bei 30 °C und 200 rpm induziert. Die Proben wurden 15 Minuten bei 4 °C gelagert und die Zellen in der Sorvall RC-5C Plus Zentrifuge 10 Minuten bei 5000 rpm sedimentiert. Die sedimentierten Bakterien wurden in 1,5 mL 0,2 M Tris/HCl pH 8 resuspendiert und nacheinander unter gelegentlichem Vortexen 0,1 mL 1 M Saccharose, 0,1 mL 10 mM EDTA, 0,1 mL Lysozym-Lösung (10 mg/mL) und 3,2 mL Reinstwasser zugefügt. Nach einer zehnminütigen Inkubation bei Raumtemperatur wurden die Proben auf Eis gestellt und nacheinander unter gelegentlichem Vortexen 0,05 ml 100 mM Phenylmethylsulfonylfluorid (PMSF), 0,01 mL einer Aprotininlösung (10 mg/mL), 5 mL Extraktionspuffer und 0,1 mL einer DNase I-Lösung (1 mg/mL) hinzu pipettiert. Die aufgeschlossenen Bakterien wurden 20- 30 Minuten auf Eis inkubiert und die Zelltrümmer durch eine fünfminütige Zentrifugation bei 4500 rpm abgetrennt. Der Überstand wurde in neue Zentrifugenbecher überführt und die enthaltenen Zellmembranen durch eine zehnminütige Zentrifugation bei 18000 rpm sedimentiert. Das Sediment wurde in 5 mL Reinstwasser resuspendiert. Nach einem weiteren zehnminütigen Zentrifugationsschritt bei 18000 rpm wurde das Zellpellet in 1 mL Reinstwasser aufgenommen und in der Hettich Universal 32 R Tischzentrifuge

10 Minuten bei 15000 rpm zentrifugiert. Die Größe des Sedimentes wurde visuell abgeschätzt, die gleiche Menge Reinstwasser und die anderthalbfache Menge an reduzierendem 2x Protein-Probenpuffer hinzugefügt. Die Probe wurde resuspendiert und fünf Minuten bei 95 °C aufgekocht. Die Lagerung erfolgte bei 4 °C oder -20 °C im Kühl- bzw. Gefrierschrank.

5.3.2 Proteasezugänglichkeit oberflächenexprimierter Proteine

Zum Nachweis der Oberflächenständigkeit des Passagieranteils des Autotransporterproteins können verschiedene Methoden herangezogen werden. Ist ein Teil des Proteins nach außen gerichtet und damit nicht durch die Bakterienmembranen abgeschirmt, ist er zugänglich für extrazellulär zugesetzte Proteasen. Die Protease Proteinase K kann die intakte Zellmembran nicht passieren und besitzt Schnittstellen in den nach außen gerichteten Teilen des Fusionsproteins.

Eine Übernachtkultur (20 mL LB-Selektionsmedium) wurde mit einer Kolonie beimpft und bei 37 °C und 200 rpm angezogen. Die Hauptkultur (LB-Selektionsmedium, 10 mM Mercaptoethanol und 10 µM EDTA) wurde mit 1/100 ihres Volumens an Übernachtkultur inokuliert und bei 37 °C und 200 rpm bis zu einer optischen Dichte von 0,5 angezogen. Anschließend wurde die Proteinexpression durch Zugabe von 1 mM Isopropyl-β-thiogalactosid eine Stunde bei 30 °C und 200 rpm induziert. Die Induktion wurde durch eine Inkubation bei 4 °C abgestoppt und die Zellen durch Zentrifugation (10 Minuten bei 5000 rpm) in der Sorvall RC-5C Plus Zentrifuge abgeerntet. Die Sedimente wurden zweimal mit 5 mL 0,2 M Tris/HCl pH 8 gewaschen und anschließend in 1 mL des gleichen Puffers resuspendiert. Für den Zugänglichkeitstest wurden 25-50 µL einer Proteinase K-Lösung (5 mg/mL) zugegeben und die Probe eine Stunde im 37 °C warmen Wasserbad inkubiert. Die Proteasereaktion wurde durch dreimaliges Waschen mit Tris/HCl + 10 % FCS abgestoppt und die Isolierung der Außenmembranproteine wie unter 5.3.1 beschrieben durchgeführt.

5.3.3 Natriumdodecylsulfat-Polyacrylamidgelelektrophorese (SDS-PAGE)

Proteine binden das negativ geladene Detergenz Natriumdodecylsulfat (SDS) in stöchiometrischen Mengen. Dabei werden höhere Strukturen entfaltet, das Protein streckt sich und bildet mit dem Detergenz eine negativ geladene mizellenartige Struktur. Die Auftrennung durch Elektrophorese erfolgt aufgrund des Molekulargewichtes, da die Eigenladung der Proteine überdeckt ist und damit vernachlässigt werden kann.

Elektrophorese ist die Wanderung geladener Teilchen in einem elektrischen Feld. Bei der Polyacrylamidgelelektrophorese bilden Acrylamid und quervernetzendes Bisacrylamid eine Matrix. Die Polymerisation wird durch den Radikalbildner Ammoniumperoxodisulfat (APS) gestartet. Die Porengröße und damit auch die Trennleistung des Gels kann gezielt durch die Menge an Acrylamid und Bisacrylamid gesteuert werden.

Nach Lämmli wurden unterschiedliche Puffersysteme verwendet, um die Trennschärfe zu steigern. Es wurden Gelelektrophoresen in vertikalen Flachbettgelen mit Sammel- und Trenngel durchgeführt. Die Proteine wurden zuerst in einem Feldstärkegradienten fokussiert und aufkonzentriert, um dann nach ihrem Molekulargewicht getrennt zu werden. Es wurden je nach Anwendung 10 oder 12,5 % ige Gele verwendet. Die Auftrennung erfolgte in 1x SDS-Laufpuffer bei 120 V in einer Miniprotean Tetra Cell Apparatur (Bio-Rad, München). Dabei variierte die Trennstrecke, meist wurde die Auftrennung gestoppt nachdem die Bromphenolblau-Front aus dem Gel gelaufen war. Nach der SDS-PAGE wurde das Gel in einer Lösung von Coomassie Brillantblau R-250 15 Minuten unter Schütteln gefärbt. Der Farbstoff lagert sich an die basischen Seitenketten der Proteine an und kann nur schwer wieder entfernt werden. Der Hintergrund der Gele wurde durch Schütteln in 10%iger Essigsäure über Nacht entfärbt. Durch mehrmaliges kurzes Erhitzen in der Mikrowelle im Defrost-Modus kann dieser Vorgang beschleunigt werden. Die Gele wurden auf einen Transilluminator gelegt und mit einem Videodokumentationssystem dokumentiert.

5.3.4 Western Blotting

Mit Hilfe des Western Blot Verfahrens werden Proteine von einem SDS-Gel elektrophoretisch auf eine hydrophobe Membran übertragen und immobilisiert.

Es wurde die Methode des Tank- oder Wet-Blotting in der Miniprotean Tetra Cell Apparatur (Bio-Rad) angewendet. Ein der Größe des Gels entsprechendes Stück der hydrophoben Polyvinylidenfluorid (PVDF)-Membran wurde eine Minute mit Methanol benetzt und zehn Minuten in eiskaltem Transferpuffer eingelegt. Das SDS-Gel, die Filterpapiere und die Fasermatten wurden ebenfalls in Transferpuffer äquilibriert. Auf die der Kathode zugewandten Seite der Haltevorrichtung, des sogenannten „Sandwichs“, der Apparatur wurden eine Fasermatte, ein Filterpapier und das Gel gelegt. Die Membran wurde luftblasenfrei auf das Gel platziert, ein weiteres Filter-Paper und eine Fasermatte wurden darüber geschichtet und eingespannt. Das „Sandwich“ wurde in richtiger Orientierung in den Tank zwischen die Elektroden platziert. Die komplette Apparatur wurde mit eiskaltem Transferpuffer gefüllt, mit einem Kühlaggregat bestückt und in eine Eisbox gestellt. Zur Übertragung der Proteine wurde eine Spannung von 100 V für eine Stunde angelegt. Anschließend wurde die Membran mit einer Pinzette entfernt und über Nacht die unspezifischen Bindungsstellen mit TBS pH 7,4 + 3% BSA geblockt.

5.3.5 Immunfärbung

Die auf die Membran transferierten Proteine sollten mittels Antikörperbindung sichtbar gemacht werden. Dafür wurde die über Nacht geblockte Membran drei Stunden in einer Lösung eines polyklonalen anti-FgaPT2-Kaninchenserums (1:2000 verdünnt in 14 mL TBS 1x + 3% BSA) inkubiert. Es folgten drei fünfminütige Waschschritte in TBS 1x + 0,1% Tween 20. Die Bindung des Sekundärantikörpers erfolgte durch zweistündige Inkubation der Membran in einer Lösung eines Ziege-Anti-Kaninchen-Antikörpers (1:7500 in 14 mL TBS 1x + 3% BSA). Dieser ist mit Meerrettichperoxidase gekoppelt. Nach erneutem dreimaligem Waschen mit TBS + 3% BSA und einmaligem Waschen mit TBS wurde die Membran mit 25 mL TBS + 15 µL eiskaltem H_2O_2 und 15 mg 4-Chloro-1-Naphthol gelöst in 5 mL Methanol inkubiert. Nach maximal 25 Minuten Inkubation im Dunkeln bildete sich an den Stellen, an denen der Antikörper gebunden hatte und damit das Fusionsprotein immobilisiert vorlag, ein purpurner chinoider Farbstoff.

5.4 Arbeiten mit Ganzzellbiokatalysatoren

5.4.1 Vorbereitung von Zellen für NADH-Oxidase-Aktivitätsbestimmungen

Verwendete Zellen wurden wie unter 5.1.1 beschrieben in LB- oder M9-Minimalmedium kultiviert. Zur Kontrolle wurden immer der Wirtsstamm und ggf. ein weiterer Stamm mit einem anderen oberflächenständigen Enzym (Nitrilase aus *A. faecalis*) auf die gleiche Weise kultiviert und behandelt. Die Induktion der Proteinexpression erfolgte bei einer OD_{578} von 0,6-0,7 in LB-Medium bzw. 0,3-0,4 in M9-Minimalmedium. Dafür wurden die Zellen unter Zugabe von 1 mM IPTG und 10µM FAD zur Inkorporierung in die NOx bei 30 °C und 200 rpm für eine Stunde, für vier Stunden bzw. für 16 Stunden inkubiert. Die Induktion wurde durch zehnminütige Lagerung auf Eis gestoppt und die Zellen durch Zentrifugation sedimentiert. Die Zellen wurden zwei Mal in Kaliumphosphatpuffer 0,1 M, pH 7,5 + 10 µM FAD gewaschen und im Anschluss in diesem Puffer zu einer OD_{578} von 10 resuspendiert. Diese Zellen wurden sofort verwendet oder für maximal zwei Tage bei 4 °C aufbewahrt.

5.4.2 Photometrische NADH-Oxidase-Aktivitätsbestimmung

Die Aktivität der oberflächenexprimierten NADH-Oxidase sollte unter Verwendung ganzer Zellen überprüft werden. Dazu wurde sich des photometrischen Tests nach

Otto Warburg zur Erfassung von NADH-Konzentrationen bedient. Der Test zur Messung der NADH-Oxidase-Aktivität erfolgte in 1 mL Ansätzen in 0,1 M Kaliumphosphatpuffer, pH 7,5, 10 µM FAD und 0,1 bzw. 0,2 mM NADH als Substrat. Die Zellen wurden so eingesetzt, dass im Assay eine OD_{578} von 1 erreicht wurde. Nach Inkubation bei RT für 1 h wurden die Zellen durch Zentrifugation aus den Ansätzen entfernt. Vom Überstand wurden Absorptionsspektren von 200 bis 400 nm aufgenommen.

5.4.3 Photometrischer NADH-Oxidase-Aktivitätstest im Mikrotiterplattenmaßstab

Der Aktivitätstest im 96-well Mikrotiterplattenmaßstab erfolgte in 200 µL Ansätzen pro well in 0,1 M Kaliumphosphatpuffer pH 7,5. Die Zellen wurden so eingesetzt, dass im Assay eine OD_{578} von 1 erreicht wurde. Zum Start der Reaktion wurden 200 µM NADH zugesetzt. Nach Inkubation bei Raumtemperatur für 0, 1, 3, 7, 15, 30, 45 und 60 min wurden die Zellen durch Zentrifugation (10 min, 4000 rpm, Tischzentrifuge, Plattenrotor 1622, Hettich, Tuttlingen) aus den Ansätzen entfernt. 120 µL der resultierenden Überstände wurden in eine neue Platte überführt, mit 120 µL Puffer verdünnt und bei 340 nm in einem Mikrotiterplattenreader (Mithras LB940, Berthold Technologies, Bad Wildbach) vermessen. Der Verdünnungsfaktor wurde bei der Auswertung entsprechend berücksichtigt.

Für eine vereinfachte Handhabbarkeit wurde die Absorption auch direkt in Zellsuspensionen mit einer OD_{578} von 1 gemessen. Dabei wurde der Test wie oben beschrieben im Mikrotiterplattenmaßstab angesetzt. Der Reaktionsstart erfolgte durch Zugabe von 0,2 mM NADH. In Dreifachansätzen wurde dann nach 0, 3, 7, 15, (22), 30, 45 und 60 min direkt die Absorption gemessen. Vor jeder Absorptionsmessung wurde die Platte 2 Sekunden lang geschüttelt, um ein Sedimentieren der Zellen zu verhindern. Als Blindwert galten jeweils identische Zellsuspensionen in Puffer ohne NADH-Zugabe, die ebenfalls bei 340 nm vermessen wurden. Aus beiden Asorptionswerten wurde die Differenz ermittelt, welche dann als Wert für die NADH-Konzentration galt.

5.4.4 Berechnung der Aktivität nach dem Lambert-Beerschen Gesetz

Das Lambert-Beersche Gesetz beschreibt den Zusammenhang zwischen der auftretenden Absorptionsänderung und der Konzentration der absorbierenden Substanz. Da die enzymatische Aktivität, die in Units angegeben wird, ebenfalls eine Funktion der Konzentration ist, konnte durch die Messung der NADH-Konzentrationsänderung die Aktivität der NOx berechnet werden. Streng genommen gilt diese Berechnung jedoch nur für die Absorptionsmessung in Standardküvetten, da diese auf 1 cm Schichtdicke normiert sind.

Für die Aktivitätsberechnung nach dem Lambert-Beerschen Gesetz wurde demnach zunächst eine NADH-Oxidase-Aktivitätsbestimmung durchgeführt. Dazu wurden die Zellen wie unter 5.4.1 beschrieben, kultiviert und vorbereitet. Für die Aktivitätsbestimmung wurde diesmal in Mikroreaktionsgefäßen 0,2 mM NADH in Puffer vorgelegt und über einen Zeitraum von 15 min wurde bei 30 °C bzw. 23 °C alle 2,5 min durch Zugabe von Zellen eine neue Reaktion gestartet. Zellen wurden in der Menge zugegeben, dass die OD_{578} in den Testansätzen 1 betrug. Für jeden Zeitpunkt wurde eine Dreifachbestimmung durchgeführt. Nach Ablauf der 15 min wurden in allen Ansätzen durch Zentrifugation die Zellen sedimentiert. Die Überstände wurden in Küvetten überführt und im Photometer (Genesys 6, Thermo Fisher, Dreieich) vermessen. Die Absorptionsänderung wurde als Funktion der Zeit graphisch dargestellt. Der Wert der Steigung im linearen Teils des sich ergebenden Graphen stellt den Zahlenwert für die Absorptionsänderung ΔE dar. Die Berechnung der NADH-Konzentrationsabnahme ergibt sich nach folgender Formel:

$$\frac{\Delta E}{min} = \varepsilon * c * d$$

Bzw.

$$\frac{\Delta c}{min} = \frac{\frac{\Delta E}{min}}{\varepsilon} * d$$

Formel 1: Bestimmung der Absorptionsdifferenz ΔE/min bzw. der Konzentrationsdifferenz Δc/min nach dem Lambert- Beerschen Gesetz.
Dabei sind des weiteren d die Schichtdicke der zu vermessenden Lösung und ε der molare Absorptionskoeffizient der zu bestimmenden Substanz.

Aus der Konzentrationsabnahme des NADH Δc/min ergibt sich dann die enzymatische Aktivität U (Unit). Ein U ist definiert als die Umsetzung von 1 µMol Substrat pro Minute. Der Literaturwert für den molaren Extinktionskoeffizienten von NADH bei 340 nm beträgt 6,22 $L \cdot mmol^{-1} \cdot cm^{-1}$.

5.4.5 Lagerungsfähigkeit von NOx-Ganzzellbiokatalysatoren

Um die Lagerungsfähigkeit des NOx-Ganzzellbiokatalysators zu untersuchen wurden die Zellen zunächst wie unter 5.4.1 beschrieben, in LB- Medium kultiviert und vorbereitet. Für die Lagerung bei 8 °C wurden die in Puffer suspendierten Zellen (OD_{578} = 10) in 500 µL- Aliquots aufgeteilt in Mikroreaktionsgefäßen über die Dauer von 7 Wochen im Kühlschrank (Thermo Fisher, Dreieich) gelagert. Für die Lagerung bei -20 °C und -70 °C wurde der Suspensions-Puffer mit 20 % Glycerol versetzt. 500 µL- Aliquots wurden zunächst im Ethanol-Trockeneisbad schockgefroren und dann über die Dauer von 7 Wochen bei -20 °C im Gefrierschrank (Thermo Fisher, Dreieich) bzw. bei -70 °C in der Tiefkühltruhe (Hettich, Tuttlingen) gelagert. Im Folgenden wurden einmal pro Woche jedem Lagerstandort drei Aliquots entnommen. Falls notwendig wurden die enthaltenen Zellen durch Schütteln auf dem Vortex resuspendiert. Aus jedem Aliquot wurden Zellen in einer OD_{578} von 1 einer Aktivitätsbestimmung unterzogen. Die Messung der Absorption bei 340 nm wurde im Mikrotiterplattenmaßstab wie unter 5.4.3 beschrieben, durchgeführt.

Zellen jedes Lagerstandortes wurden zusätzlich noch für eine Bestimmung der Lebendzellzahl verwendet. Dazu wurden 50 µL eines Aliquots in Zehnerschritten bis zu einer Verdünnung von 10^{-10} in sterilem Puffer verdünnt. 50 µL der Verdünnungen 10^{-9} und 10^{-10} wurden auf Selektionsplatten (30 µg/mL Kanamycin) ausplattiert und bei 37 °C über Nacht bebrütet. Am folgenden Tag wurden die koloniebildenden Einheiten ausgezählt und die Zellzahl pro Milliliter berechnet.

5.4.6 Wiederverwendbarkeit von NOx-Ganzzellbiokatalysatoren

Für die Untersuchung der Wiederverwendbarkeit wurden Zellen wie unter 5.4.1 beschrieben kultiviert und vorbereitet. Diese Zellen wurden zunächst in einer Aktivitätsbestimmung aus Zellsuspensionen im Mikrotiterplattenmaßstab eingesetzt (5.4.3). Nach dieser ersten Vermessung wurde die Mikrotiterplatte zur Rückgewinnung der Zellen zentrifugiert (10 min, 4000 rpm, Tischzentrifuge, Plattenrotor 1622, Hettich, Tuttlingen). Die Überstände wurden verworfen und die Zellsedimente im gleichen Volumen Kaliumphosphatpuffer resuspendiert. Durch Zugabe von 0,2 mM NADH wurde eine weitere Reaktion zur Aktivitätsbestimmung gestartet. Auf diese Weise wurden insgesamt fünf Reaktionszyklen vermessen.

5.4.7 Einsatz von NOx-Ganzzellbiokatalysatoren zur Cofaktorregenerierung

Zunächst wurden die Aktivitäten der NOx und der AlDH unter den Bedingungen, die in der kombinierten Testung vorliegen sollten, getrennt voneinander untersucht. Zu diesem Zweck wurde die AlDH-Reaktion in Tris-HCl-Puffer 0,1 M, pH 7,5 verfolgt. Zudem ist die Dehydrogenase-Reaktion abhängig von der Präsenz einwertiger Kationen und eines Thiols (Bostian und Betts 1978a). Demnach wurden dem Reaktionspuffer neben jeweils 2,5 mM des Substrates Acetaldehyd (Ethanal) und des Cofaktors NAD^+ noch 0,1 M Kaliumchlorid und 10 mM β-Mercaptoethanol zugefügt. Der so zusammengesetzte Reaktionspuffer wurde in Küvetten vorgelegt und zum Start der Reaktion wurden 60 mU AlDH hinzugegeben. Die Absorptionszunahme bei 340 nm durch die Entstehung von NADH während der AlDH-Reaktion wurde photometrisch verfolgt (Photometer Genesys 6, Thermo Fisher, Dreieich). Als Blindwert diente die oben beschriebene Lösung bestehend aus Puffer, Zusätzen und

Substraten, der statt der Enzymlösung lediglich der Enzym-lösungspuffer hinzugegeben wurde.

Ebenso wurde mit den NOx-Ganzzellbiokatalysatoren verfahren. Für die Untersuchung wurden die Pufferlösungen mit allen notwendigen Zusätzen und Substraten vorgelegt und zum Start der Reaktion wurden die Zellen zu einer OD_{578} von 1 im Reaktionsansatz hinzupipettiert. Über einen Zeitraum von insgesamt 15 min wurde so alle 2,5 min eine Reaktion gestartet. Für jeden Zeitpunkt wurde eine Dreifachbestimmung vorgenommen. Nach Ablauf der Gesamtdauer wurden die Zellen durch Zentrifugation aus den Ansätzen entfernt und so die NOx-Reaktion gestoppt. Die Absorptionsmessung erfolgte mittels Photometer aus den Reaktionsüberständen.

Für die Untersuchung der NOx-vermittelten Cofaktorregenerierung wurden dann Zellen in einer OD_{578} von 1 oder 5 und AlDH (60 bzw. 30 mU) kombiniert in Tris/HCl-Puffer mit den oben beschriebenen Zusätzen eingesetzt. Zur Kontrolle wurden noch der Wirtsstamm und *E. coli* BL21(DE3) pCD003 eingesetzt, die Autodisplay-vermittelt eine Nitrilase auf ihrer Oberfläche präsentieren. Als Substrate wurden Acetaldehyd (2,5 mM) und NADH (0,2mM) eingesetzt. Der Test wurde im Mikrotiterplatten-maßstab durchgeführt. Der Reaktionsstart wurde durch die Zugabe von NADH bzw. NAD^+ vermittelt. Die Absorptionsänderung wurde mit einem Mikrotiterplattenreader (Mithras LB940, Berthold Technologies, Bad Wildbach) alle 30 sec aus Zell-suspensionen vermessen. Zwischen den Messungen wurde die Mikrotiterplatte geschüttelt um ein Sedimentieren von Zellen zu verhindern. Bei Verwendung von NADH als Substrat konnte in den Kontrollansätzen eine Absorptionsabnahme detektiert werden. Bei Verwendung von NAD^+ konnte eine Absorptionszunahme detektiert werden.

5.4.8 Vorbereitung von Zellen für FgaPT2-Aktivitätsbestimmungen

Die für die Aktivitätsuntersuchung verwendeten Zellen wurden wie unter 5.1.1 beschrieben in LB-Selektionsmedium (100 µg/mL Ampicillin) kultiviert. Die Induktion der Proteinexpression erfolgte bei einer optischen Dichte der Hauptkultur von 0,5 durch Zugabe von 1 mM IPTG und Inkubation für 4 Stunden bei 30 °C und 200 rpm. Zum Beenden der Induktion wurden die Kulturen 15 min auf Eis gelagert, anschließend wurden die Zellen durch Zentrifugation sedimentiert und zwei Mal in Tris/HCl, 50 mM, pH 7,5 gewaschen. Daran anschließend wurden sie so in diesem Puffer suspendiert, dass eine OD_{578} von 50 vorlag. Die Zellsuspensionen wurden bis zu ihrer alsbaldigen Verwendung auf Eis gelagert oder für mehrere Tage bei 4 °C eingelagert. Zur Kontrolle wurde der Wirtsstamm ebenso kultiviert und vorbereitet.

5.4.9 HPLC-gestützter FgaPT2-Aktivitätstest

Die Aktivitätsuntersuchung des FgaPT2- Ganzzellbiokatalysators erfolgte in Anlehnung an das Protokoll für die Aktivitätsbestimmung der aufgereinigten FgaPT2 (Steffan *et al.* 2007). Dafür wurden in 100 µL Tris/HCl (50 mM, pH 7,5) Zellen in einer OD_{578} von 40 eingesetzt. Der Ansatz enthielt weiterhin das umzusetzende Tryptophanderivat in einer Gesamtkonzentration von 1 mM sowie das Cosubstrat DMAPP in einer Gesamtkonzentration von 1-10 mM. Die Reaktionsansätze wurden für 24 h bei 20-35 °C inkubiert. Nach Entfernen der Zellen durch Zentrifugation (14.000x g, 10 min, 4 °C) wurde der Überstand in ein neues Mikroreaktionsgefäß überführt. Enthaltenes Protein wurde durch Zugabe des gleichen Volumens an Methanol gefällt. Nach erneuter Zentrifugation wurde der Überstand mittels HPLC und LC-MS untersucht.

Die Reaktionsüberstände wurden auf einer HP HPLC (Series 1090, HPLabs, Bristol, GB) unter Verwendung einer Multospher 120 RP18 (5 µm, 250 x 4 mm) und einer Flussrate von 1 mL· min^{-1} analysiert. Als Fließmittel dienten Wasser (A) und Acetonitril (B) mit je einem Anteil von 0,5 % Trifluor-Essigsäure. Der gewählte Gradient beinhaltete einen Anstieg von Fließmittel B von 15 % auf 70 % in 13 min. Anschließend wurde die Säule für 5 min mit 100 % Fließmittel B für 5 min gespült und dann mit 15 % Fließmittel A für 5 min äquilibriert. Die Detektion der Endprodukte erfolgte mit einem Photodiodenarray Detektor bei 296 nm.

5.4.10 Untersuchung von Reaktionsprodukten mittels LC-MS

Die Analyse der Endprodukte mittels LC-MS erfolgte durch positive und negative Elektrospray-Ionisations-Massenspektrometrie (ESI) (TSQ Quantum, Thermo Finnigan, Basel) mit vorgeschalteter HPLC (HPLC Series 1100, Agilent, Santa Clara, CA, USA). Für die HPLC wurde eine RP18-Säule verwendet (2 x 250 mm, 5 µm). Zur Auftrennung wurde die Säule für 5 min mit 10 % Fließmittel B (Methanol) in Fließmittel A (Wasser mit je 0,1 % Ameisensäure) beschickt, gefolgt von einem Gradienten von 10 bis 100 % B über 30 min. Die Flussrate betrug 0,2 mL· min^{-1}. Nach einem Waschschritt mit 100 % B wurde die Säule mit 10 % B für 10 min äquilibriert.

5.4.11 Lagerungsfähigkeit von FgaPT2-Ganzzellbiokatalysatoren

Um die Lagerungsfähigkeit der FgaPT2-Ganzzellbiokatalysatoren zu untersuchen wurden die Zellen wie unter 5.4.8 vorbereitet. Die Aktivität der ungelagerten Zellen wurde wie unter 5.4.9 beschrieben, bestimmt. Im Anschluss daran wurden die Zellsuspensionen bei 4 °C für einen Monat gelagert. Dabei wurden die Zellen jeden

Tag durch Schütteln auf dem Vortex resuspendiert. Nach der einmonatigen Lagerung erfolgte eine erneute Aktivitätsbestimmung.

5.4.12 Wiederverwendbarkeit von FgaPT2-Ganzzellbiokatalysatoren

Um die Wiederverwendbarkeit der FgaPT2-Ganzzellbiokatalysatoren zu untersuchen, wurden die Zellen wie unter 5.4.8 vorbereitet. Nach initialer Aktivitätsbestimmung wurden die Zellen durch Zentrifugation zurückgewonnen und erneut in Tris/HCl-Puffer (50 mM, pH 7,5) resuspendiert. Substrat und Cosubstrat wurden zugegeben und zur Bestimmung der Aktivität erneut 24 h inkubiert. Insgesamt wurden drei derartig wiederholte Reaktionszyklen durchgeführt.

6 Experimente und Ergebnisse

6.1 Autodisplay der NADH-Oxidase aus *Lactobacillus brevis*

6.1.1 Genkonstruktion

Die Insertion des für die NADH-Oxidase (NOx) kodierenden Gens in ein Autotransporter-Plasmid wurde im Rahmen einer vorangegangenen Bachelorarbeit von Boris Litsanov durchgeführt (2006). In dieser Arbeit wurde zunächst die Autotransporterkassette aus pET-SH7 über die Schnittstellen der Restriktions-endonukleasen NcoI und BlpI in ein p-COLA-Duet™-1- Derivat (pAG004) inseriert. Daraus resultierte das Plasmid pBL001. Das für die NOx kodierende Gen wurde mittels der Primer RM005 und RM006 aus dem Plasmid pET21aNOx amplifiziert, welches von der AG Hummel zur Verfügung gestellt worden war. Während der PCR wurden über die Primer die Schnittstellen XhoI (5′-Ende) und KpnI (3′-Ende) an das Amplifikat angefügt. Das resultierende PCR-Produkt und der Vektor pBL001 wurden einem Doppelverdau mit XhoI und KpnI unterzogen. Die Insertion des verdauten PCR-Produktes in den Autotransportervektor erfolgte mittels T4- Ligase. Das nun für das NOx-Profusionsprotein kodierende Plasmid, im Folgenden pAT-NOx genannt, wurde in *E. coli* UT5600(DE3) transformiert. NOx-Profusionsprotein bezeichnet das Prekursorprotein mit allen für den Transport notwendigen Domänen, Signalpeptid, Linker und β-Fass. Als Fusionsprotein wird im weiteren Text die prozessierte Form bezeichnet, von der das Signalpeptid abgetrennt wurde und die demnach nur aus der Autotransportereinheit, sprich dem Linker und dem β-Fass, sowie der NOx als Passagierdomäne besteht. Das NOx-Profusionsprotein, sowie Ausschnitte aus der Nukleotid- und Aminosäuresequenz sind in Abbildung 5 schematisch dargestellt.

Das Plasmid pAT-NOx wurde für weitere Arbeiten zusätzlich in den Stamm *E. coli* BL21(DE3) transformiert.

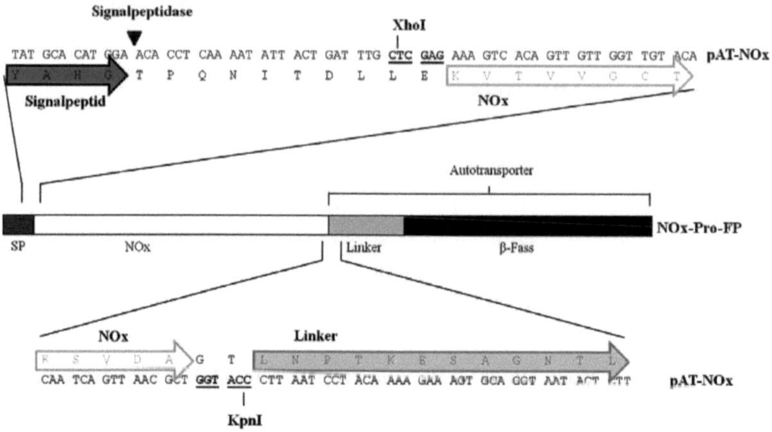

Abbildung 5: Schematischer Aufbau des Profusionsproteins zum Autodisplay der NADH-Oxidase aus *Lactobacillus brevis* (NOx-Pro-FP).
Das NOx-Profusionsprotein besteht aus einem Signalpeptid (SP), dem Passagier (NOx), einem Linker und dem β-Fass. Die Umgebung der Passagierinsertionsstelle ist als Nucleotid- und Aminosäuresequenz angegeben. Dabei ist pAT-NOx die Bezeichnung des Plasmids, dem die Nucleotidsequenz entstammt. Das für die NOx kodierende Gen wurde über die Schnittstellen der Restriktionsendonukleasen XhoI und KpnI in die Autotransportersequenz inseriert. Die Erkennungssequenzen der Restriktionsendonukleasen sind in der Nucleotidsequenz fett und unterstrichen dargestellt. Der N- und der C-Terminus der NOx sind mit dem weißen Pfeil über der Aminosäuresequenz gekennzeichnet. Ebenso sind der N-Terminus des Linkers mit einem hellgrauen Pfeil und der C-Terminus des Signalpeptids mit einem dunkelgrauen Pfeil hinterlegt.

6.1.2 Expression und Oberflächenständigkeit der NOx

Sowohl in *E. coli* BL21(DE3) pAT-NOx als auch in *E. coli* UT5600(DE3) pAT-NOx wurde die Expression der NOx durch Isolierung und Analyse der Fraktion der Außenmembranproteine untersucht. Dafür wurden zunächst jeweils zwei Kulturen des jeweiligen Stammes angelegt und bei 37 °C und 200 rpm inkubiert. Nach Erreichen einer OD_{578} von etwa 0,5 wurde in einer dieser beiden Kulturen durch Zugabe von 1 mM IPTG die Proteinexpression induziert. Beide Kulturen wurden eine weitere Stunde bei 30 °C inkubiert. Eine weitere Kultur des jeweiligen Wirtsstammes ohne Plasmid wurde als Kontrolle ebenso kultiviert und inkubiert, jedoch ohne Zugabe von IPTG. Nach Isolation und elektrophoretischer Auftrennung der Außenmembranproteine, erschien in der Probe, der IPTG zugegeben worden war, eine deutlich ausgeprägte Bande mit einem apparenten Molekulargewicht von etwa 100 kDa (Abbildung 6, A u. B, Spur 3). Dies stimmt in etwa mit dem für das Fusionsprotein berechneten molekularen Gewicht von 97,4 kDa überein. Demnach konnte die Expression des NOx-Fusionsproteins durch die Zugabe von IPTG induziert werden.

Die Orientierung der NOx in der Außenmembran wurde mittels Überprüfung der Zugänglichkeit für Proteinasen untersucht. Die zu diesem Zweck verwendete Proteinase K kann, bedingt durch ihre Größe, die äußere Membran nicht passieren und somit nur oberflächenständige Proteine angreifen. Für die Untersuchung wurde eine Suspension intakter Zellen, deren Proteinexpression zuvor durch IPTG-Zugabe und einstündiger Inkubation bei 30 °C induziert worden war, in Tris-HCl-Puffer (0,2 M, pH 8) mit Proteinase K versetzt. Als Kontrolle wurden die gleichen Zellen nur mit Puffer versetzt. Aus beiden Proben wurden die Außenmembranproteine isoliert und diese mittels SDS-PAGE untersucht. Der NOx-Passagier des Fusionsproteins war sowohl in *E. coli* BL21(DE3) pAT-NOx als auch in *E. coli* UT5600(DE3) pAT-NOx für die zugegebene Proteinase K zugänglich. Die SDS-PAGE zeigt den gelungenen Nachweis der Oberflächenständigkeit in Form von deutlich reduzierten Banden des Fusionsproteins in Abbildung 6, Spur 4 im Vergleich zu Spur 3, die die Proteinase-unbehandelte Probe enthält.

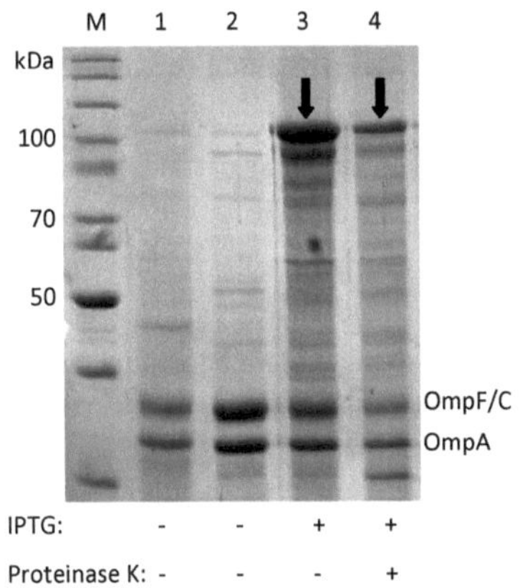

Abbildung 6: Expression und Oberflächenständigkeit der NADH-Oxidase auf *E. coli* UT5600(DE3).
SDS- PAGE von Isolaten der Außenmembranproteine. IPTG: Induktion der Genexpression durch Zugabe von 1 mM IPTG. Proteinase K: Behandlung der ganzen Zellen mit Proteinase K. M: Protein-Größenstandard. OmpF/C, OmpA: Kennzeichnung der *E. coli*- Außenmembranproteine OmpF und OmpC bzw. OmpA. Die Proteinbanden des NOx-Fusionsproteins wurden mit Pfeilen markiert. 1: *E. coli* UT5600(DE3), 2-4: *E. coli* UT5600(DE3) pAT-NOx.

Da in beiden Proben auch die intakte Form des nativen *E. coli* Außenmembranproteins OmpA vorhanden war, gilt der Protease-Zugänglichkeitstest als Nachweis der Oberflächenständigkeit. OmpA ragt mit seinem C-terminalen Ende in den periplasmatischen Raum zwischen der äußeren und der inneren Membran. Der N-terminale Teil ragt jedoch nicht über die äußere Membran hinaus, sondern bildet eine β-Fass- ähnliche Struktur innerhalb der Membran (Koebnik und Kramer 1995). OmpA ist somit von der periplasmatischen Seite, nicht jedoch von außen sensibel für einen Protease-Angriff. Die Unversehrtheit von OmpA gilt deshalb als Indikator für die Integrität der Zellen. Wird bei Zugabe von Proteasen nur die Passagierdomäne des Fusionsproteins angegriffen und OmpA bleibt intakt, ist die Integrität der Zelle gewährleistet und der Passagier gilt als oberflächenständig. Die scheinbar leicht verminderte Ausprägung der OmpA-Bande in Abbildung 6, Spur 4 ist auf marginale Unterschiede in der Proteinkonzentration zurückzuführen. Diese Unterschiede sind jedoch zu gering um die deutliche Verringerung der Menge an Fusionsprotein (Pfeil) zu bewirken. Diese Verringerung beruht demnach auf dem Angriff des außenständigen Passagiers durch Proteinase K. Die Oberflächenständigkeit des NOx-Passagiers konnte auch in dem Expressionsstamm *E. coli* BL21(DE3) auf die gleiche Art erfolgreich nachgewiesen werden.

6.1.3 Aktivitätsbestimmung des NOx-Ganzzellbiokatalysators

6.1.3.1 Optischer Test nach Otto Warburg

Nachdem die Oberflächenständigkeit der NOx belegt war, konnten die Zellen hinsichtlich ihrer Aktivität untersucht werden. Durch die NOx wird unter Entstehung von Wasser NADH zu NAD^+ oxidiert. NADH weist zwei charakteristische Absorptionsmaxima bei 260 und 340 nm auf. NAD^+ hingegen zeigt nur das Maximum bei 260 nm. Das Maximum bei 260 nm weist bei der oxidierten Form NAD^+ jedoch höhere Absorptionswerte auf als bei der reduzierten Form NADH, da sowohl das Adeningrundgerüst, als auch der oxidierte, mesomere Nikotinamidring Licht der Wellenlänge 260 nm absorbieren und sich die Absorptionen bei diesem Maximum für NAD^+ somit überlagern. Die reduzierte Form des Nikotinamidrings in NADH hingegen, liegt als chinoides System vor und absorbiert nur Licht der Wellenlänge 340 nm. Es bietet sich somit an, die an die NADH-Abnahme gekoppelte Absorptionsabnahme bei 340 nm photometrisch zu bestimmen. Zu diesem Zweck wurden zwei Flüssigkulturen der NOx-präsentierenden *E. coli*-Zellen und zur Kontrolle eine Flüssigkultur des Wirtsstammes *E. coli* BL21(DE3) angesetzt und bis zum Erreichen einer OD_{578} von etwa 0,5 kultiviert. In einer der Kulturen mit NOx-präsentierenden Zellen wurde durch Zugabe von 1 mM IPTG die Proteinexpression induziert und alle Kulturen wurden eine Stunde bei 30 °C inkubiert. Nach Ablauf dieser Inkubation wurden die Zellen mit Kaliumphosphatpuffer (0,1 M, pH 7,5) gewaschen, in diesem Puffer so suspendiert, dass eine OD_{578} von 10 vorlag und in Ansätzen von 1 mL Gesamtvolumen zu einer OD_{578} von 1 verdünnt. Nach Geueke *et al.* (2003) wurde den Ansätzen zum Oxidationsschutz der NOx noch 1 mM Dithiothreitol zugefügt. Die DTT-Zugabe dient der Verbesserung der Oxidationsstabilität des Enzyms. So wird verhindert, dass das Cystein (Cys42) im aktiven Zentrum nicht nur zu Sulfensäure, sondern weiter zu nicht mehr reduzierbarer Sulfin- oder Sulfonsäure oxidiert wird. Durch diese weitergehende Oxidation verliert das Enzym seine Aktivität (Ashrafuddin Ahmed und Claiborne 1989; Geueke *et al.* 2003). Durch Zugabe von 0,1 mM NADH wurde die Reaktion gestartet. Nach einer Stunde Reaktionszeit bei 30 °C wurden die Zellen durch Zentrifugation aus den Ansätzen entfernt. Aus den Reaktionsüberständen wurden Absorptionsspektren zwischen 200 und 400 nm aufgenommen. Um die Stabilität des NADH in Kaliumphosphatpuffer zu überprüfen wurde zusätzlich ein Spektrum von 0,1 mM NADH-Lösung in Puffer ohne den Zusatz von Zellen vermessen. Das NADH blieb in Kaliumphosphatpuffer stabil und das Spektrum dieser Kontrollprobe zeigte den für NADH charakteristischen Verlauf mit den weiter oben bereits beschriebenen beiden Absorptionsmaxima (Abbildung 7). Jedoch war bereits in den Reaktionsansätzen, die lediglich Wirtszellen enthielten, eine vollständige Abnahme der Absorption bei 340 nm zu beobachten. Dabei ließ sich eine gleichzeitige Zunahme der Absorption bei 260 nm, bedingt durch die Überlagerung der Absorptionswerte des Adeningrundgerüsts und des oxidierten Nikotinamidringes, detektieren. Das bedeutet, dass das eingesetzte NADH vollständig zu NAD^+ oxidiert worden war. Bereits durch die zur Kontrolle eingesetzten Wirtszellen, die keine NOx auf ihrer Oberfläche tragen, wurde demnach unter den gewählten Bedingungen eine vollständige Oxidation des eingesetzten NADH verursacht. Da NADH nicht membrangängig ist und somit nicht durch *E. coli* aufgenommen und intrazellulär umgesetzt werden kann (Gholson *et al.* 1969), muss die Oxidation des NADH durch andere in den Ansätzen anwesende Substanzen oder Enzyme hervorgerufen worden sein. Eine Möglichkeit für die Herkunft dieser Enzyme oder Substanzen besteht darin, dass sich die Zellen zu dem Zeitpunkt als sie für die Aktivitätsuntersuchung eingesetzt wurden, noch in der exponentiellen Wachstumsphase befanden. Durch die hohe Teilungsrate ist in dieser Phase auch eine hohe Autolyserate der Zellen zu verzeichnen. Das bedeutet, dass einige Zellen während der Teilung und der damit einhergehenden Neusynthese ihrer Peptidoglykanschicht und äußeren Membran dem Zellturgor nicht standhalten können und so spontan lysieren (Seltmann und Holst 2002; Madigan und Martinko 2006). Durch die Autolyse werden somit Enzyme aus dem Zellinneren freigesetzt, die in den untersuchten Ansätzen zu der Oxidation des NADH führen können.

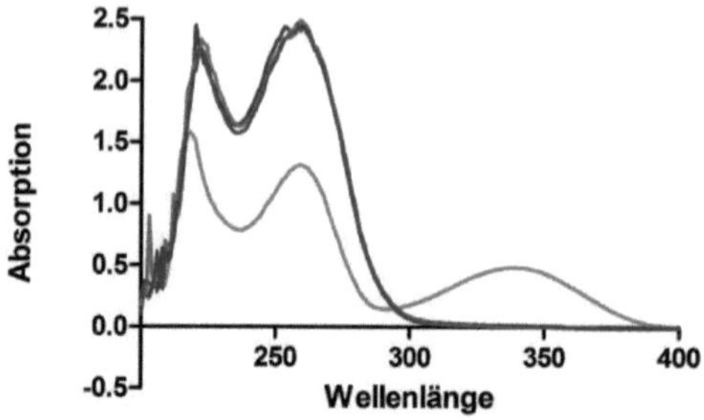

Abbildung 7: Photometrische Aktivitätsbestimmung mit NOx-präsentierenden *E. coli* BL21(DE3). Gezeigt sind UV-Spektren der Reaktionsansätze, die nach einstündiger Reaktionszeit in Anwesenheit von 0,1 mM NADH als Substrat aufgenommen wurden. Die Aufnahme erfolgte aus den Überständen nach Entfernen der Zellen. Die Genexpression der NOx-präsentierenden Zellen wurde durch Zugabe von IPTG für 1h bei 30°C induziert. ——— = Referenz: 0,1 mM NADH in Puffer, ——— = als Kontrolle eingesetzter Wirtsstamm (*E. coli* BL21(DE3)), ——— = NOx-präsentierende Zellen (*E. coli* BL21(DE3) pAT-NOx) ohne IPTG-Zugabe, ——— = NOx-präsentierende Zellen (*E. coli* BL21(DE3) pAT-NOx) mit IPTG-Zugabe.

Die Ergebnisse zur Proteasezugänglichkeit der oberflächenexprimierten Enzyme deuten jedoch darauf hin, dass die Zellen auch in dieser Stoffwechselphase ihre Membranintegrität bewahren und demnach ihre Bestandteile nicht in die sie umgebende Flüssigkeit abgeben. NADH ist ein biologisches Antioxidans und gilt als recht oxidationsempfindlich (Olek *et al.* 2004). Eine weitere mögliche Erklärung der in allen Zellproben auftretenden NADH-Oxidation besteht demnach darin, dass Zellen, die noch eine hohe Primärstoffwechselaktivität zeigen, Enzyme oder andere oxidativ wirksame Substanzen in das sie umgebende Medium sezernieren. Diese führen dann zu einer Oxidation des zugegebenen NADH. Die NADH-Oxidase-Aktivität des NOx-Fusionsproteins ließ sich daher anhand dieser Untersuchung nicht nachweisen.

6.1.3.2 NADH-Oxidase-Aktivität NOx-präsentierender, lyophilisierter Zellen

In der vorangegangenen Aktivitätsuntersuchung zeigte sich, dass bereits durch die als Kontrolle eingesetzten Wirtszellen NADH vollständig oxidiert wird. Mögliche Ursache für diesen Effekt kann, wie beschrieben, die Stoffwechselphase sein, in der sich die *E. coli*-Zellen zum Zeitpunkt der Untersuchung befanden und eine damit einhergehende Freisetzung oder Sekretion oxidativ wirksamer Zellbestandteile. Deshalb wurde versucht, mittels Lyophilisierung sogenannte „resting cells“ zu erzeugen. „Resting cells“ sind lebende Zellen, die jedoch nicht mehr wachsen und nur noch einen verringerten Primärstoffwechsel zeigen und weder durch autolytische Prozesse noch durch aktive Sekretion Zellbestandteile freisetzen. Somit sind Reaktionen mit dem oder den eingesetzten Substraten, die durch freigesetzte Zellbestandteile hervorgerufen werden, ebenfalls minimiert. „Resting cells“ werden bevorzugt für die Applikation rekombinant hergestellter Enzyme, sowie von Ganzzellbiokatalysatoren eingesetzt (Drauz und Waldmann 2003).

Vier Kulturen der NOx-präsentierenden Zellen *E. coli* BL21(DE3) pAT-NOx und zwei Kulturen des Wirtsstammes *E. coli* BL21(DE3) wurden dazu bis zu einer OD_{578} von 0,5 kultiviert. In zwei Kulturen der NOx-präsentierenden Zellen wurde durch Zugabe von 1 mM IPTG die Proteinexpression induziert. Daran anschließend wurden drei der Kulturen (NOx-präsentierende Zellen mit und ohne Zugabe von IPTG und die Wirtszellen) für eine Stunde und die anderen drei entsprechenden Kulturen für vier Stunden bei 30 °C und 200 rpm inkubiert. Nach Ablauf der Inkubationsdauer wurden die Zellen über Nacht lyophilisiert und die Lyophilisate vor dem weiteren Gebrauch im Kühlschrank gelagert. Die Lyophilisate wurden für die Aktivitätsuntersuchung in Kaliumphosphatpuffer zu einer OD_{578} von 1 resuspendiert. Zellen, die vor der Lyophilisierung nur eine Stunde bei 30 °C inkubiert worden waren, zeigten in der Aktivitätsbestimmung (Abbildung 8 A) ein mit den nicht lyophilisierten Zellen vergleichbares Bild (Abbildung 7). So wurde in allen Ansätzen, die Zellen enthielten, das NADH vollständig oxidiert. Durch die Lyophilisierung war es offenbar nicht möglich, die Zellen in ihrem Wachstum zu arretieren und die Freisetzung NADH-oxidierender Zellbestandteile zu verhindern. Es traten nach wie vor allein durch die Anwesenheit der Zellen hervorgerufene Reaktionen auf, die eine Oxidation des NADH bereits in den Kontrollansätzen bewirkten.

Wurden die Zellen vor der Lyophilisierung vier Stunden bei 30 °C und 200 rpm inkubiert, zeigte sich ein etwas anderes Ergebnis in der Aktivitätsbestimmung. Die verlängerte Inkubationsdauer schien zu einer Verminderung der allein durch die Zellen bzw. durch freigesetzte Zellbestandteile verursachten Oxidation des NADH zu führen. Einzig in der Probe mit NOx-präsentierenden Zellen, in der die Proteinexpression durch Zugabe von IPTG induziert worden war, zeigte sich in der vollständigen Absorptionsabnahme bei 340 nm eine vollständige Oxidation des NADH zu NAD^+ (Abbildung 8 B). In dem zur Kontrolle verwendeten Ansatz mit Wirtszellen ist die Oxidation vermindert und auch in dem Ansatz mit NOx-präsentierenden Zellen, dem kein IPTG zugefügt worden war, wurde zwar ein größerer Anteil NADH als in der Kontrolle mit Wirtszellen oxidiert, aber es trat keine vollständige Oxidation mehr auf. Auch die Absorptionswerte bei 260 nm steigen dementsprechend unterschiedlich an und erreichen nur in dem Ansatz mit NOx-präsentierenden Zellen, dem IPTG zugefügt worden war, den höchsten Wert. Das Ergebnis dieses Versuchs deutet darauf hin, dass wahrscheinlich nicht die Lyophilisierung sondern eine Verlängerung der Inkubationsdauer der Zellen in Kultur diese in eine Wachstumsphase überführt, in der ihre Stoffwechselaktivität vermindert ist. Die Zellen erreichen durch die längere Inkubationsdauer wahrscheinlich die stationäre

Wachstumsphase, für die eine Verminderung der Stoffwechselaktivität und ein Rückgang der Autolyserate beschrieben ist (Shockman *et al.* 1996; Madigan und Martinko 2006).

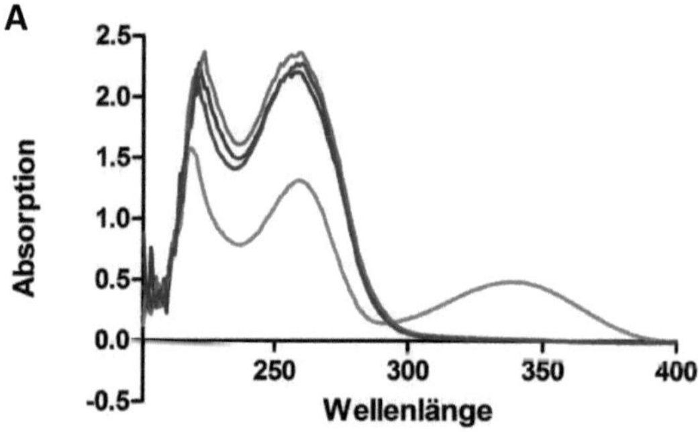

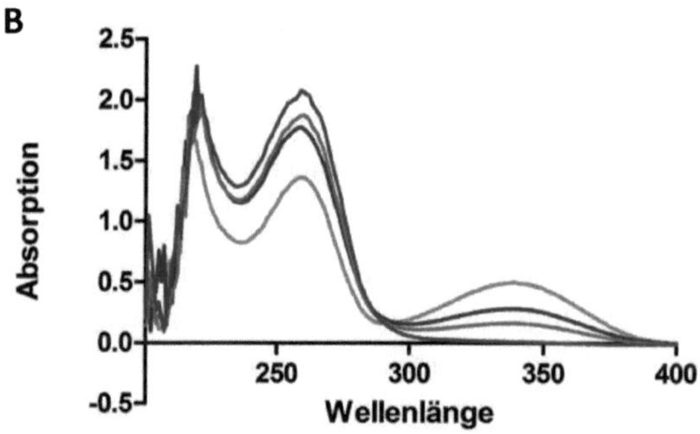

Abbildung 8: Photometrische Aktivitätsbestimmung mit NOx-präsentierenden, lyophilisierten Zellen. Vor der Lyophilisierung wurde einem Ansatz zur Induktion der Proteinexpression IPTG zugefügt und alle Ansätze wurden eine Stunde **[A]**, bzw. vier Stunden **[B]**, bei 30 °C und 200 rpm inkubiert. Zur Aktivitätsbestimmung wurden die Lyophilisate in Puffer so resuspendiert, dass eine OD_{578} von 1 vorlag. Dargestellt sind UV-Spektren der Reaktionsansätze, die nach einstündiger Reaktionszeit der lyophilisierten Zellen in Anwesenheit von 0,1 mM NADH als Substrat aufgenommen wurden. Die Aufnahme erfolgte aus Überständen der Reaktionsansätze nach Entfernen der Zellen. ——— = Referenz: 0,1 mM NADH in Puffer, ——— = als Kontrolle eingesetzter Wirtsstamm (*E. coli* BL21(DE3)), ——— = NOx-präsentierende Zellen (*E. coli* BL21(DE3) pAT-NOx) ohne IPTG-Zugabe, ——— = NOx-präsentierende Zellen (*E. coli* BL21(DE3) pAT-NOx) mit IPTG-Zugabe.

Wie in dem zur Kontrolle eingesetzten Ansatz mit Wirtszellen zu beobachten war, resultierte dies in einer Verringerung der allein durch Zellen oder freigesetzte Zellbestandteile hervorgerufenen NADH-Oxidation. Weiterhin deutet das Ergebnis dieses Versuchs aber auch darauf hin, dass die NADH-Oxidase-Aktivität der NOx-tragenden Zellen tatsächlich an das oberflächenständige Enzym gekoppelt ist, denn nur in diesem Ansatz wurde das NADH vollständig oxidiert. Die demnach zeitabhängige Entstehung von „resting cells" durch Verlängerung der

Kultivierungsdauer und ihre Verwendung zur Bestimmung der NADH-Oxidase-Aktivität des oberflächenständigen Enzyms wurden im Folgenden untersucht

6.1.3.3 NADH-Oxidase-Aktivität NOx-präsentierender „resting cells"

Zur Erzeugung von resting cells durch eine verlängerte Kultivierungsdauer wurden zwei Kulturen der NOx-präsentierenden Zellen *E. coli* BL21(DE3)pAT-NOx und als Kontrolle eine Kultur der Wirtszellen *E. coli* BL21(DE3) angesetzt. Bei Erreichen einer OD_{578} von 0,5 wurde in einer Kultur der NOx-präsentierenden Zellen durch Zugabe von 1 mM IPTG die Proteinexpression induziert. Alle drei Ansätze wurden daraufhin für 16 h bei 30 °C und 200 rpm inkubiert. Danach wurden die Zellen durch Zentrifugation geerntet, die Sedimente gewaschen und für die Aktivitätsbestimmung vorbereitet. Abbildung 9 zeigt das Ergebnis der photometrischen Aktivitätsbestimmung mit diesen Zellen. Die Wirtszellen zeigten in dieser Untersuchung keinen NADH-oxidierenden Effekt mehr. In dem entsprechenden Ansatz trat keine Abnahme der Absorption bei 340 nm auf. Durch die verlängerte Kultivierungszeit war es somit gelungen, die wahrscheinlich allein durch autolytisch freigesetzte Zellbestandteile hervorgerufenen, NADH-oxidierenden Effekte zu minimieren. Die, in dem mit IPTG versehenen Ansatz mit NOx-präsentierenden Zellen, auftretende, vollständige Oxidation des NADH wird demnach durch das oberflächenständige Enzym hervorgerufen. Auch in dem Ansatz mit NOx-präsentierenden Zellen, in dem die Proteinexpression nicht induziert worden war, zeigte sich eine Oxidation des NADH. Das eingesetzte NADH wurde in diesem Ansatz etwa zur Hälfte zu NAD^+ oxidiert. Diese NADH-Oxidase-Aktivität lässt sich wahrscheinlich auf eine Basalexpression des NOx-Fusionsproteins zurückführen. Bereits bei Untersuchung der Expression des NOx-Fusionsproteins in *E. coli* war aufgefallen, dass dieses bereits ohne Zugabe von IPTG, sprich ohne Induktion des *lac*UV-Promotors, exprimiert wurde. Das Plasmid pAT-NOx basiert auf einem pCOLA-Duet®-Derivat. In diesen Vektoren steht die Expression rekombinant eingefügter DNA unter der Kontrolle des T7-Promotors. Das bedeutet, dass das Plasmid nur durch die T7-RNA-Polymerase transkribiert werden kann. Das Gen für die T7-RNA-Polymerase ist in den sogenannten (DE3)-Stämmen in das bakterielle Chromosom integriert und steht dort wiederum unter der Kontrolle des *lac*UV-Promotors, der durch Zugabe des Lactosestrukturanalogons IPTG induziert werden kann. Es ist ein häufig beobachtetes Phänomen, dass die Repression dieses *lac*UV-Promotors nicht vollständig ist, er weist eine sogenannte „leakiness" auf (Studier 1991), was bedeutet, dass T7-RNA-Polymerase bereits ohne Zugabe von IPTG gebildet wird. In diesem Fall wurde in dem Stamm *E. coli* BL21(DE3) das Gen für die NOx zu einem gewissen Anteil bereits im nicht induzierten Zustand durch die T7-RNA-Polymerase abgelesen und anschließend translatiert.

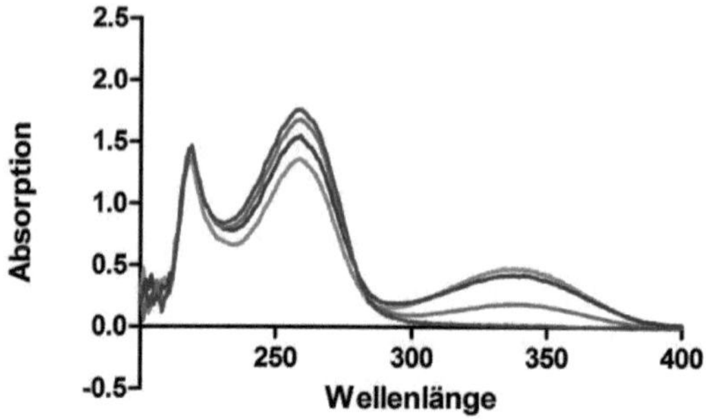

Abbildung 9: Photometrische Aktivitätsbestimmung mit NOx-präsentierenden „resting cells".
Zur Erzeugung der „resting cells" wurden alle eingesetzten Zellen nach Erreichen einer OD_{578} von 0,5 für weitere 16 h bei 30 °C und 200 rpm inkubiert. In einem Ansatz mit NOx-präsentierenden Zellen wurde für diese Zeitspanne durch Zugabe von 1 mM IPTG die Proteinexpression induziert. Gezeigt sind UV-Spektren der Reaktionsansätze, die nach einstündiger Reaktionszeit in Anwesenheit von 0,1 mM NADH als Substrat aufgenommen wurden. Die Aufnahme erfolgte aus den Überständen nach Entfernen der Zellen. ——— = Referenz: 0,1 mM NADH in Puffer, ——— = als Kontrolle eingesetzter Wirtsstamm (*E. coli* BL21(DE3)), ——— = NOx-präsentierende Zellen (*E. coli* BL21(DE3) pAT-NOx) ohne IPTG-Zugabe, ——— = NOx-präsentierende Zellen (*E. coli* BL21(DE3) pAT-NOx) mit IPTG-Zugabe.

6.1.3.4 NADH-Oxidase-Aktivität von NOx-präsentierenden *E. coli* UT5600(DE3)

Das für das NOx-Autotransporter-Fusionsprotein kodierende Plasmid war auch in den Expressionsstamm *E. coli* UT5600(DE3) transformiert worden. Von diesem NOx-präsentierenden Stamm wurden ebenfalls „resting cells" durch verlängerte Kultivierungsdauer erzeugt und auf ihre NADH-Oxidase-Aktivität untersucht. Durch die verlängerte Kultivierungsdauer konnte auch in *E. coli* UT5600(DE3) die Stoffwechselaktivität der Zellen soweit reduziert werden, dass in dem Kontrollansatz mit dem Wirtsstamm während der Aktivitätsbestimmung keine NADH-Oxidation hervorgerufen wurde (Abbildung 10). Nach der einstündigen Reaktionszeit ist etwa die Hälfte des eingesetzten NADH durch die oberflächenständige NOx oxidiert worden. Da die Expression in beiden Stämmen nach Analyse der Außenmembranproteinisolate zu urteilen, etwa gleich stark ausgeprägt war, ist die Aktivität des oberflächenständigen Enzyms in diesem Expressionsstamm offenbar geringer als in *E. coli* BL21(DE3) pAT-NOx. Mit den NOx-präsentierenden Zellen des Stammes *E. coli* BL21(DE3) konnte das eingesetzte NADH vollständig oxidiert werden (vgl. Abbildung 9). Die stärker ausgeprägte Aktivität von Enzymen im Autodisplay in *E. coli* BL21(DE3) verglichen mit *E. coli* UT5600(DE3) konnte in verschiedenen Projekten der Arbeitsgruppe beobachtet werden, so z.B. bei Gratz (2010).

An den Absorptionswerten bei 340 nm in Abbildung 10 ist ebenfalls zu erkennen, dass nur durch die NOx-präsentierenden Zellen, deren Proteinexpression induziert worden war, NADH oxidiert wurde. Durch NOx-präsentierende Zellen, deren Proteinexpression nicht induziert worden war, wurde kein NADH oxidiert. In *E. coli* UT5600(DE3) scheint, wie auch weitere derartige Erfahrungen aus der Arbeitsgruppe bestätigen, der *lac*UV-Promotor vollständig reprimiert zu sein. Eine durch Basalexpression des NOx-Fusionsproteins hervorgerufene Aktivität in dem Ansatz mit NOx-präsentierenden Zellen, dem kein IPTG zur Proteinexpression zugefügt worden war, trat in *E. coli* UT5600(DE3) pAT-NOx, wie man auch anhand Abbildung 6 erkennen kann, demnach nicht auf.

Aufgrund der höheren Aktivität wurden aber trotz der „leakiness" des Promotors für die weiteren Aktivitätsuntersuchungen die NOx-präsentierenden Zellen auf Grundlage des Stammes *E. coli* BL21(DE3) eingesetzt. Im Folgenden werden diese Zellen als NOx-Ganzzellbiokatalysator bezeichnet.

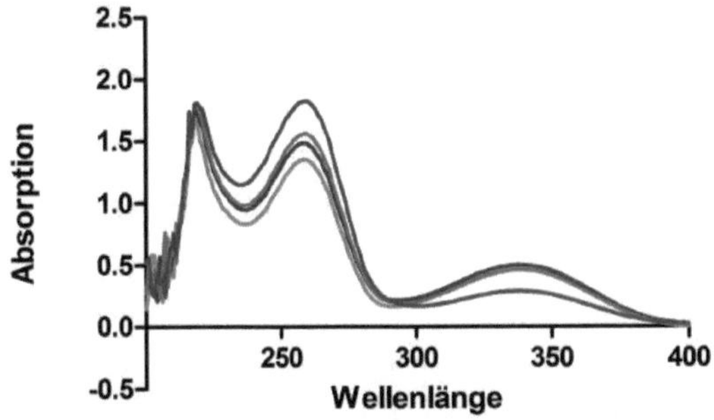

Abbildung 10: Photometrische Aktivitätsbestimmung mit NOx-präsentierenden „resting cells" von *E. coli* UT5600(DE3)pAT-NOx.
Zur Erzeugung der „resting cells" wurden alle eingesetzten Zellen nach Erreichen einer OD_{578} von 0,5 für weitere 16 h bei 30 °C und 200 rpm inkubiert. In einem Ansatz mit NOx-präsentierenden Zellen wurde für diese Zeitspanne durch Zugabe von 1 mM IPTG die Proteinexpression induziert. Gezeigt sind UV-Spektren der Reaktionsansätze, die nach einstündiger Reaktionszeit in Anwesenheit von 0,1 mM NADH als Substrat aufgenommen wurden. Die Aufnahme erfolgte aus den Überständen nach Entfernen der Zellen. ▬ = Referenz: 0,1 mM NADH in Puffer, ▬ = als Kontrolle eingesetzter Wirtsstamm *E. coli* UT5600(DE3), ▬ = NOx-präsentierende Zellen (*E. coli* UT5600(DE3) pAT-NOx) ohne IPTG-Zugabe, ▬ = NOx-präsentierende Zellen (*E. coli* UT5600(DE3) pAT-NOx) mit IPTG-Zugabe.

6.1.4 Optimierung der Aktivitätsbestimmung

6.1.4.1 Aktivitätsbestimmung durch Messung von Zellüberständen im Mikrotiterplattenformat

Um die Handhabung zu vereinfachen und den zeitlichen Verlauf der NOx-Reaktion genau verfolgen zu können wurde die Aktivitätsuntersuchung auf Mikrotiterplattenformat übertragen. Hierzu wurden zwei Kulturen des NOx-Ganzzellbiokatalysators *E. coli* BL21(DE3) pAT-NOx, eine Kultur des Wirtsstammes *E. coli* BL21(DE3) und zwei Kulturen eines weiteren Ganzzellbiokatalysators, *E. coli* BL21(DE3) pCD003 in LB-Medium angesetzt. *E. coli* BL21(DE3) pCD003 trägt ein Autotransporter-Fusionsprotein mit einem anderen Enzym, einer Nitrilase aus *Alcaligenes faecalis* auf seiner Oberfläche und diente daher in der Untersuchung als weitere Kontrolle um einen möglichen Einfluss des Autodisplay-Systems zu untersuchen. Die Kulturen wurden bei 37 °C und 200 rpm zu einer optischen Dichte (OD_{578}) von 0,5 kultiviert. In jeweils einer Kultur der Enzym-präsentierenden Stämme wurde durch Zugabe von 1 mM IPTG die Proteinexpression induziert und alle Kulturen wurden zur Erzeugung von „resting cells" 16 h bei 30 °C und 200 rpm inkubiert. Nach der Kultivierungszeit wurden die Zellen aller Kulturen durch Zentrifugation sedimentiert, mit Kaliumphosphatpuffer gewaschen und für den Aktivitätstest vorbereitet. Die Zellen wurden in einer OD_{578} von 1 für den Test eingesetzt. Die Reaktionen wurden in definierten zeitlichen Abständen über den Zeitraum von insgesamt einer Stunde durch Zugabe von 0,2 mM NADH gestartet. Als Referenz und zur Überprüfung der Stabilität des NADH diente ein Ansatz der nur Puffer und keine Zellen enthielt. Auch diesem Referenzansatz wurde das NADH in den gleichen zeitlichen Abständen zugesetzt. Nach Ablauf insgesamt einer Stunde wurden die Zellen durch Zentrifugation entfernt. Die NADH-Konzentration wurde in den Reaktionsüberständen nach Übertragung auf eine neue Mikrotiterplatte photometrisch als Funktion der Absorption bei 340 nm vermessen.

In der Probe des NOx-Ganzzellbiokatalysators, in der die Proteinexpression induziert worden war, ist die mit der Oxidation einhergehende Abnahme der NADH- Konzentration deutlich zu erkennen (Abbildung 11). Auch in der Probe des NOx-Ganzzellbiokatalysators, in der die Proteinexpression nicht induziert worden war, ist eine Abnahme detektierbar. Diese ist wahrscheinlich, wie zuvor schon beschrieben, auf die „leakiness" des T7-Systems und die damit einhergehende basale Expression des NOx-Fusionsproteins zurückzuführen. Der als Kontrolle eingesetzte Wirtsstamm *E. coli* BL21(DE3) zeigte keinerlei NADH-Oxidation. In den Ansätzen, die den Nitrilase-Ganzzellbiokatalysator als Kontrolle enthielten, ließ sich, unabhängig von der Induktion der Proteinexpression, ebenfalls eine NADH-Oxidation detektieren. Diese ist etwa um den Faktor drei geringer als die NADH-Umsetzung mit dem NOx-Ganzzellbiokatalysator *E. coli* BL21(DE3) pAT-NOx.

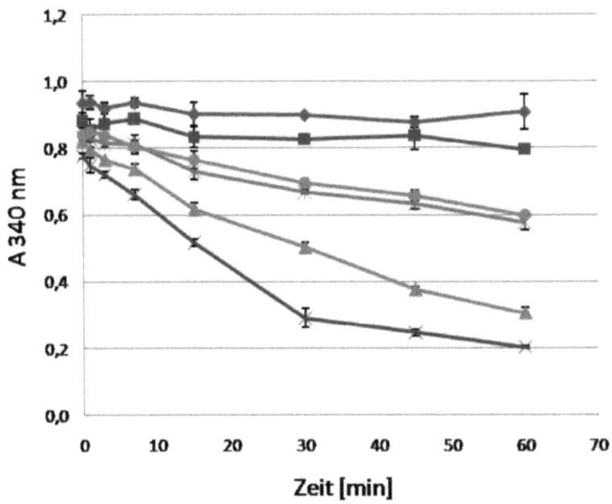

Abbildung 11: Kinetik der NOx-Reaktion des Ganzzellbiokatalysators.
Die NADH- Konzentration wurde als Funktion der Absorption bei 340 nm aus den Überständen der Reaktionsansätze vermessen. ◆= Ansatz ohne Zellen, ■= zur Kontrolle eingesetzter Wirtsstamm *E. coli* BL21(DE3), ✳= zur Kontrolle eingesetzter Nitrilase-Ganzzellbiokatalysator (*E. coli* BL21(DE3)pCD003) ohne IPTG-Zugabe, ●= zur Kontrolle eingesetzter Nitrilase-Ganzzellbiokatalysator (*E. coli* BL21(DE3)pCD003) mit IPTG-Zugabe, ▲= NOx-Ganzzellbiokatalysator (*E. coli* BL21(DE3)pAT-NOx) ohne IPTG-Zugabe, ×= NOx-Ganzzellbiokatalysator (*E. coli* BL21(DE3)pAT-NOx) mit IPTG-Zugabe. Dargestellt sind Mittelwerte ± Standardabweichung, n= 3.

Die durch den Nitrilase-Ganzzellbiokatalysator verursachte NADH-Oxidase-Aktivität ließe sich einerseits durch eine verminderte Membranintegrität erklären, die durch die erhöhte Anzahl an Fassproteinen in der äußeren Membran bedingt ist. Dieser Effekt ist schon für andere AIDA-I-Autotransporterproteine beschrieben worden (Van Gerven *et al.* 2009). Auch für EstA-basierte Autotransporterfusionsproteine gibt es ähnliche Beobachtungen (Narayanan und Chou 2008). Durch die verringerte Zellintegrität könnten so während der Behandlung mit verschiedenen Wasch- und Zentrifugationsschritten einige Zellen lysiert sein und aus diesen wiederum wirksame Zellbestandteile freigesetzt worden sein. Eine durch die Vielzahl an membranständigen Fassproteinen hervorgerufene, verminderte Zellintegrität widerspricht jedoch den bereits beschriebenen Ergebnissen zur Proteasezugänglichkeit der oberflächenexprimierten Enzyme, die eine stabile Zellintegrität belegen. Andererseits könnten Teile des Autotransporters, z. B. Teile der β-Fass-Domäne, die für das Substrat NADH zugänglich waren, die Oxidation hervorgerufen haben. Eine weitere mögliche Erklärung der auftretenden NADH-Oxidation ist eine bislang nicht entdeckte oxidative Reaktivität der applizierten Nitrilase. Diese Nitrilase zeigte bereits auch schon eine Glykosid-spaltende Aktivität (Detzel 2010). Die Entdeckung weiterer, untypischer Aktivitäten gegenüber anderen Substraten als Nitrilen ist somit denkbar.

Im Verlauf der Untersuchungen zur Etablierung des Aktivitätstests im Mikrotiterplattenmaßstab stellte sich zudem heraus, dass der Einsatz von 1 mM DTT nicht notwendig war um höhere Enzymaktivitäten zu erzielen. Durch Autodisplay und die damit einhergehende Immobilisierung des Enzyms an der Oberfläche von *E. coli* war die NOx offenbar so weit oxidativ stabilisiert, dass eine Zugabe von Reduktionsmittel zum Schutz vor Oxidation nicht erforderlich war.

6.1.4.2 Aktivitätsbestimmung durch Messung von Zellsuspensionen im Mikrotiterplattenformat

Um die Handhabung weiter zu vereinfachen, Material zu sparen und zeitlich genauere Daten zur Umsetzung ermitteln zu können, sollte die Aktivitätsuntersuchung im Mikrotiterplattenmaßstab nunmehr direkt in der Zellsuspension statt im Reaktionsüberstand stattfinden. Zuvor war mittels einer Kalibriergeraden geprüft worden, ob NADH-Konzentrationsunterschiede in einer Zellsuspension mit OD_{578}= 1 mit dem hier verwendeten Mikrotiterplattenreader zu bestimmen sind. Für die Aktivitätsuntersuchung wurden zwei Kulturen der NOx-präsentierenden Zellen und zwei Kulturen der Nitrilase-präsentierenden Zellen als Kontrolle sowie eine Kultur des Wirtsstammes *E. coli* BL21(DE3) in M9-Minimalmedium angesetzt. In jeweils einer der Enzym-präsentierenden Zellen wurde durch Zugabe von 1 mM IPTG die Proteinexpression induziert und alle Kulturen wurden bei 30 °C und 200 rpm für weitere 16 h inkubiert. Für die Aktivitätsuntersuchung wurden die Zellen in Kaliumphosphatpuffer gewaschen und in einer OD_{578} von 1 im Test eingesetzt. Die Vereinfachung in der Handhabung bestand nun in der lediglich einmaligen Zugabe von NADH zu den entsprechenden Zellsuspensionen zum Start der Reaktion. Über den Verlauf der folgenden Stunde wurde dann zu definierten Zeitpunkten die NADH-Konzentration direkt in den einzelnen Ansätzen gemessen. Eine Abtrennung der Zellen aus den Ansätzen vor Messung der Absorption war so nicht mehr notwendig. Während der Aktivitätsuntersuchung zeigten der zur Kontrolle eingesetzte Wirtsstamm *E. coli* BL21(DE3) sowie alle Enzym-präsentierenden Zellen, denen kein IPTG zur Proteinexpression zugesetzt worden war, keinen NADH-oxidierenden Effekt (Abbildung 12). Die als Kontrolle eingesetzten, Nitrilase-präsentierenden Zellen, zeigten nach Induktion der Proteinexpression durch IPTG-Zugabe einen geringen NADH-oxidierenden Effekt. In der Probe, die den NOx-Ganzzellbiokatalysators nach Induktion der Proteinexpression durch IPTG-Zugabe enthielt, war die NADH-Oxidation am stärksten ausgeprägt. Nach bereits 45 min war das eingesetzte NADH vollständig durch den NOx-Ganzzellbiokatalysator oxidiert worden.

Mit den Aktivitätsuntersuchungen im Mikrotiterplattenmaßstab konnten die zuvor im Photometer ermittelten Ergebnisse bestätigt werden. Die Expression eines NOx-Fusionsproteins an der Oberfläche von *E. coli* via Autodisplay führt zu Ganzzellbiokatalysatoren, die eine deutlich messbare NADH-Oxidase-Aktivität zeigen, die in den eingesetzten Kontrollen nicht in diesem Ausmaß beobachtet werden kann. Mit der vereinfachten Aktivitätsbestimmung im Mikrotiterplattenmaßstab konnte zudem ein reproduzierbares und einfaches Testsystem zum Nachweis der NADH-Oxidase-Aktivität von Ganzzellbiokatalysatoren etabliert werden.

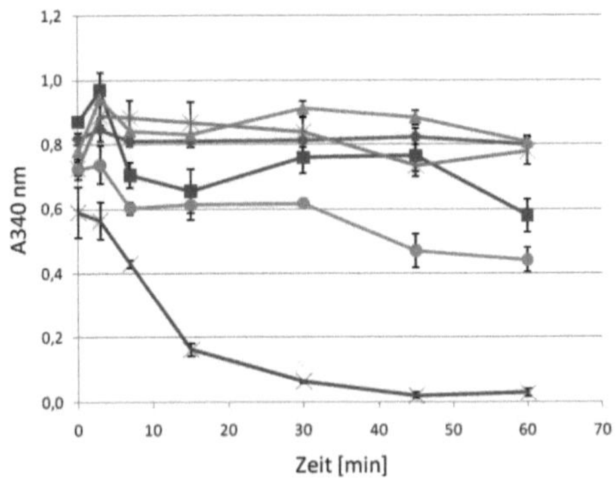

Abbildung 12: Kinetik der NOx-Reaktion des Ganzzellbiokatalysators in Zellsuspensionen.
Die NADH- Konzentration wurde als Funktion der Absorption bei 340 nm direkt in den Reaktionsansätzen bei einer OD_{578}= 1in definierten Zeitabständen vermessen. ◆= Ansatz ohne Zellen, ■= zur Kontrolle eingesetzter Wirtsstamm *E. coli* BL21(DE3), ✳= zur Kontrolle eingesetzter Nitrilase-Ganzzellbiokatalysator (*E. coli* BL21(DE3)pCD003) ohne IPTG-Zugabe, ●= zur Kontrolle eingesetzter Nitrilase-Ganzzellbiokatalysator (*E. coli* BL21(DE3)pCD003) mit IPTG-Zugabe, ▲= NOx-Ganzzellbiokatalysator (*E. coli* BL21(DE3)pAT-NOx) ohne IPTG-Zugabe, ×= NOx-Ganzzellbiokatalysator (*E. coli* BL21(DE3)pAT-NOx) mit IPTG-Zugabe. Dargestellt sind Mittelwerte ± Standardabweichung, n= 3.

Die hier erstmalig untersuchte Verwendung von M9-Minimalmedium zur Kultivierung der NOx-Ganzzellbiokatalysatoren scheint zudem die Basalexpression des Fusionsproteins in den Proben, denen kein IPTG zugesetzt worden war, zu verhindern. Diese Beobachtung führte zu weiteren Versuchen, die Kultivierung hinsichtlich einer Optimierung der Umsetzung zu verbessern.

6.1.5 Optimierung der Umsetzungsparameter

6.1.5.1 Optimierung des Kulturmediums

Im Hinblick auf ein mögliches „scale up" oder einen industriellen Einsatz des NOx-Ganzzellbiokatalysators wurde versucht die Kulturbedingungen zu optimieren. Beim industriellen Einsatz von Ganzzellbiokatalysatoren wird die Anzucht in definierten Medien bevorzugt. Definierte Medien führen zu weniger Nebenreaktionen und Endprodukte lassen sich leichter abtrennen. Zu diesem Zweck wurden eine Kultur der NOx-präsentierenden Zellen in komplexem LB-Medium (30 mg/L Kanamycin) und eine weitere Kultur in M9-Minimalmedium (30 mg/L Kanamycin) angesetzt. Zur Kontrolle wurde der Wirtsstamm *E. coli* BL21(DE3) verwendet, von welchem ebenfalls eine Kultur in LB- und eine weitere Kultur in M9-Minimalmedium angesetzt wurde. Nach Erreichen einer OD_{578} von 0,5 in LB-Medium bzw. 0,3 in M9-Minimalmedium wurde den NOx-präsentierenden Zellen zur Induktion der Proteinexpression 1 mM IPTG zugegeben. Alle Kulturen wurden anschließend weitere 16 h zur Erzeugung von „resting cells" bei 30 °C und 200 rpm inkubiert, danach in Kaliumphosphatpuffer gewaschen und in einer OD_{578} von 1 in der Aktivitätsuntersuchung eingesetzt. Diese Untersuchung erfolgte nicht im Mikrotiterplattenmaßstab sondern in 1 mL-Ansätzen. Durch die Zugabe von 0,2 mM NADH zu verschiedenen Ansätzen wurde zu definierten Zeitpunkten die Reaktion gestartet. So konnte eine Zeitreihe über 15 min erstellt werden. Die Messung der NADH-Konzentrationsabnahme erfolgte mit dem Photometer aus Reaktionsüberständen, um eine genaue Berechnung nach dem Lambert-Beerschen Gesetz durchführen zu können. Bei der Messung in Mikrotiterplatten ließ sich die zur Berechnung notwendige Schichtdicke zwar anhand einer Kalibriergeraden für das standardmäßig eingesetzte Volumen von 200 µL rechnerisch ermitteln, die für die Messung im Photometer eingesetzten Küvetten sind jedoch auf eine Schichtdicke von 1 cm normiert und lieferten daher für eine exakte Bestimmung der Konzentrationsabnahme die genaueren Messwerte. Die enzymatischen Aktivitäten wurden als Funktion der Konzentrationsabnahme über die Zeit berechnet. Eine Unit ist dabei definiert als die Oxidation eines Mikromols (µmol) NADH in einer Minute.

Bei dieser Untersuchung zeigte sich, dass die Kultivierung der NOx-Ganzzellbiokatalysatoren in M9-Minimalmedium zu einer höheren NADH-Oxidase-Aktivität des oberflächenständigen NOx-Fusionsproteins führt, als die Kultivierung in LB-Medium. Die nach dem Lambert-Beerschen Gesetz berechneten Aktivitäten sind in Tabelle 9 dargestellt.

Tabelle 9: Berechnete Aktivitäten des Ganzzellbiokatalysators *E. coli* BL21(DE3) pAT-NOx unter verschiedenen Bedingungen.

Kulturmedium	Temperatur [°C]	Aktivität [mU/mL][a)]	Aktivität [mU/mL][b)]
LB	23	5,54	6,65
LB	30	12,23	14,68
M9	23	14,16	9,91
M9	30	16,38	11,47

[a)] Reaktionsansatz in Puffer, OD_{578}=1, [b)] Aktivität pro mL Kulturvolumen, OD_{578}=1,2 (LB), 0,7 (M9)

Die höchste enzymatische Aktivität des NOx-Fusionsproteins mit 16,38 mU/mL ergab die Umsetzung bei 30°C mit NOx-Ganzzellbiokatalysatoren, die in M9-Minimalmedium kultiviert worden waren. Die NOx-Ganzzellbiokatalysatoren, die in LB-Medium angezogen wurden, zeigten mit 5,54 mU/mL bei 23 °C eine deutlich schlechtere Aktivität. Die Temperaturerhöhung von 23 auf 30°C während der Umsetzung brachte bei den in LB kultivierten Ganzzellbiokatalysatoren aber eine Aktivitätssteigerung um mehr als 100 %. Da die Aktivität bei in M9-Minimalmedium kultivierten Zellen bei 23 °C ausreichend war und durch den Temperaturwechsel nur um etwa 14 % gesteigert werden konnte, wurde aus Gründen der Handhabbarkeit in allen weiteren Aktivitätsuntersuchungen mit in M9-Minimalmedium kultivierten Zellen eine Reaktionstemperatur von etwa 23 °C gewählt. Diese und alle weiteren angegebenen Aktivitäten beziehen sich auf die Reaktionsansätze in Puffer mit einer normierten optischen Dichte (OD_{578}) von 1. Rechnet man die Aktivitäten auf 1 mL Kulturvolumen um (siehe Tabelle) ergeben sich gänzlich andere Werte und die Aktivität der in LB-Medium kultivierten Zellen scheint zunächst höher zu sein. Dies ist jedoch allein der Tatsache geschuldet, dass in reichhaltigerem LB-Medium viel höhere Zelldichten erreicht werden können als in M9-Minimalmedium (optische Dichte (OD_{578}) vor Gewinnung der Zellen für die Aktivitätsuntersuchung in LB: 1,2; in M9: 0,7). Normiert man die Zellzahl vor der Aktivitätsuntersuchung zeigen die in M9-Minimalmedium kultivierten Zellen ihre höhere NADH-Oxidase-Aktivität. Aktivitätsbestimmungen in Medium ohne die Zellen zunächst zu waschen, sind nicht durchgeführt worden, die in der rechten Spalte von Tabelle 9 dargestellten Aktivitäten sind rein rechnerisch auf Grundlage der experimentell erhobenen und in der mittleren Spalte dargestellten Daten ermittelt worden.

Für die Aktivitätsuntersuchungen im Mikrotiterplattenmaßstab wurde im Folgenden zur Berechnung der Aktivität nach dem Lambert-Beerschen Gesetz die rechnerisch ermittelte Schichtdicke von 0,57 cm eingesetzt.

Einfluss von β-Mercaptoethanol im Kulturmedium

Weiterhin sollte der Effekt der Mercaptoethanolzugabe zum Medium auf die Aktivität des NOx-Ganzzellbiokatalysators untersucht werden. Die Zugabe von β-Mercaptoethanol zum Kulturmedium dient zur Verhinderung einer Faltung des Passagierproteins im Periplasma. Die Ausbildung von Disulfidbrücken wird unterbunden, da Cysteinreste unter diesen reduzierenden Bedingungen in der Thiolform vorliegen. Eine Faltung im Periplasma zöge einen verhinderten Transport und einen Abbau des Fusionsproteins nach sich (Jose *et al.* 1996). Es wurden zwei Kulturen des NOx-Ganzzellbiokatalysators in LB-Medium und zwei Kulturen in M9-Minimalmedium angesetzt. Jeweils einer dieser Ansätze wurde noch vor Beimpfen mit den Zellen 10 mM β-Mercaptoethanol zugegeben. Die Kulturen wurden bis zu einer OD_{578} von 0,5 in LB- bzw. 0,3 in Minimalmedium kultiviert, durch Zugabe von 1 mM IPTG wurde die Proteinexpression in allen Ansätzen induziert und die Zellen wurden weitere 16 h bei 30 °C und 200 rpm inkubiert. Durch Waschen und Resuspendieren in Kaliumphosphatpuffer wurden die Zellen vorbereitet und mit einer OD_{578} von 1 in der Aktivitätsbestimmung im Mikrotiterplattenmaßstab eingesetzt. β-Mercaptoethanolzugabe zu M9-Minimalmedium führte zu sehr eingeschränktem Zellwachstum. Diese Zellen konnten nicht für eine Aktivitätsuntersuchung verwendet werden. In der graphischen Darstellung der NADH-Konzentrationsabnahme über die Zeit (Abbildung 13) zeigt sich in Übereinstimmung mit bereits beschriebenen Ergebnissen, dass die in M9-Minimalmedium kultivierten NOx-Ganzzellbiokatalysatoren die schnellste NADH-Oxidation verursachen.

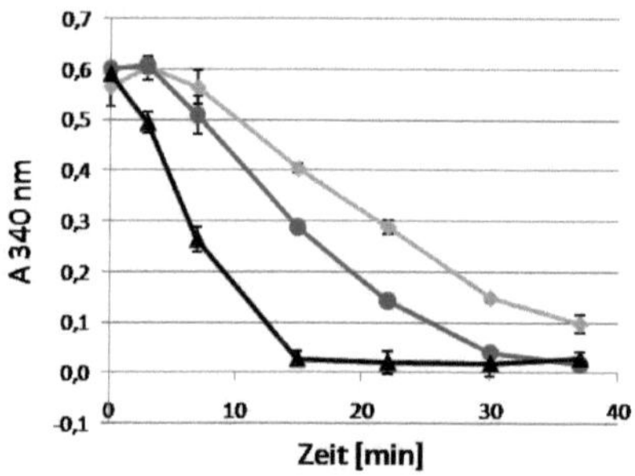

Abbildung 13: Einfluss von β-Mercaptoethanol im Kulturmedium auf die Aktivität des NOx-Ganzzellbiokatalysators.
Für die Aktivitätsbestimmung wurden die Zellen in der Mikrotiterplatte in 200 µl Ansätzen in Puffer auf eine OD_{578} von 1 verdünnt und zum Reaktionsstart wurden 0,2 mM NADH zugegeben. Durch Messung der Absorptionsabnahme bei 340 nm wurde die Oxidation des NADH zu NAD verfolgt. ◆= NOx-Ganzzellbiokatalysator (*E. coli* BL21(DE3) pAT-NOx) kultiviert in LB-Medium unter Zugabe von β-Mercaptoethanol, ●= NOx-Ganzzellbiokatalysator (*E. coli* BL21(DE3) pAT-NOx) kultiviert in LB-Medium ohne Zugabe von β-Mercaptoethanol, ▲= NOx-Ganzzellbiokatalysator (*E. coli* BL21(DE3) pAT-NOx) kultiviert in M9-Minimalmedium ohne Zugabe von β-Mercaptoethanol. Dargestellt sind Mittelwerte ± Standardabweichung, n= 3.

Ihre berechnete Aktivität lag bei 3,44 mU/mL. Die Anwesenheit von β-Mercaptoethanol in LB-Medium während der Kultivierung führt zu einer schwächeren Aktivität des NOx-Ganzzellbiokatalysators verglichen mit dem NOx-Ganzzellbiokatalysator, der in Abwesenheit von β-Mercaptoethanol in LB-Medium kultiviert worden war. Berechnet man die Aktivitäten ergibt sich eine Verringerung der NADH-Oxidase-Aktivität um etwa 37 % von 2,45 auf 1,5 mU/mL.

Einfluss von Glucose und Lactose im Kulturmedium

Durch Glucosezusatz zu komplexen Medien wie z.B. LB- oder YT-Medium lässt sich die Basalexpression in *lac*UV-Promotor-gesteuerten T7-Expressionssystemen verringern. Die Basalexpression oder auch „leakiness" des *lac*UV-Promotors ist abhängig von der Anwesenheit cyclischen Adenosinmonophosphats (cAMP), einem sogenannten „Hungermarker", in der Zelle. Die Verstoffwechselung von Glucose in *E. coli* führt jedoch zu erniedrigten cAMP-Spiegeln und somit zu einer verminderten Basalexpression. Für Minimalmedien konnte dieser Effekt bislang nicht belegt werden (Grossman *et al.* 1998). Es sollte untersucht werden, ob eine zusätzliche Glucosezufuhr während der Induktionsphase auch einen reprimierenden Effekt auf die Expression der NOx und die NADH-Oxidase-Aktivität des Ganzzellbiokatalysators hatte. Es wurden vier verschiedene Kulturen des NOx-Ganzzellbiokatalysators in M9-Minimalmedium vorbereitet. Zwei dieser Kulturen wurden nach Erreichen einer OD_{578} von ~ 0,3 und vor der Zugabe von 1 mM IPTG zwei Mal mit M9-Minimalmedium gewaschen (ohne Glucose) und im Ausgangsvolumen resuspendiert. Einer dieser beiden gewaschenen Kulturen wurde keine Kohlenstoffquelle zugesetzt, die andere wurde mit 0,2 % Lactose versetzt. Die mit Lactose versetzte Kultur diente dabei als Referenz, da Lactose als natürlicher Induktor des *lac*UV-Promotors keinen reprimierenden Effekt besitzt und die Proteinexpression in dieser Kultur demnach voll ausgeprägt sein sollte. Den anderen beiden Kulturen wurde vor der Zugabe von IPTG einmalig 0,5 bzw. 1 % Glucose zugefügt. Um das Maß der Basalexpression zu überprüfen, wurden alle eben beschriebenen Kulturen ebenfalls noch ohne Zugabe von IPTG aber mit Zugabe von Glucose angesetzt und auf die gleiche Weise kultiviert. Von der Zugabe von 0,2 % Lactose zu der Kultur, in der die Proteinexpression nicht induziert werden sollte, wurde abgesehen. Alle Kulturen wurden nach Zugabe der entsprechenden Zucker und IPTG weitere 16 h inkubiert. Danach wurde jeweils ein Drittel der Kulturvolumina zur Isolierung der Außenmembranproteine eingesetzt, die übrigen zwei Drittel der Ansätze wurden durch Waschen und Suspendieren in Kaliumphosphatpuffer für die Aktivitätsuntersuchung vorbereitet und für den Test im Mikrotiterplattenmaßstab in einer OD_{578} von 1 eingesetzt. Dabei ergab sich, dass Zellen, deren Proteinexpression nicht induziert worden war, auch keinerlei NADH-Oxidase-Aktivität zeigten (Abbildung 14 A-C). Dies war unabhängig von der eingesetzten Glucosekonzentration und deckte sich mit vorangegangenen Beobachtungen, bei denen sich herausgestellt hatte, dass eine „leakiness" des *lac*UV-Promotors und eine damit einhergehende durch die Basalexpression verursachte NADH-Oxidase-Aktivität bei in M9-Minimalmedium kultivierten Zellen allem Anschein nach nicht auftrat. Zellen, die während der Induktionsphase mit 1 % Glucose versetzt worden waren zeigten mit etwa 4,3 mU/mL die gleiche Aktivität wie Zellen, denen 0,2 % Lactose zugegeben worden war (4,1 mU/mL) (Diagramm B u. C).

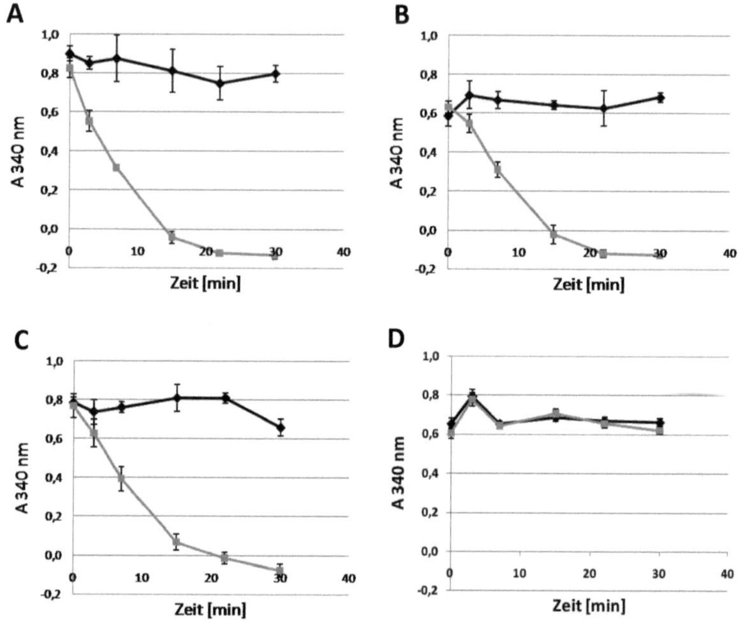

Abbildung 14: Einfluss der Kohlenstoffquelle im Kulturmedium auf die NADH-Oxidase-Aktivität des Ganzzellbiokatalysators.
Für die Aktivitätsbestimmung wurden die gewaschenen Zellen in 200 µl Ansätzen in Puffer auf eine OD_{578} von 1 verdünnt und zum Reaktionsstart wurden 0,2 mM NADH zugegeben. Durch Messung der Absorptionsabnahme bei 340 nm wurde die Oxidation des NADH zu NAD verfolgt. Als Kontrolle dienten hier Zellen, denen während der Induktionsphase kein IPTG zugesetzt wurde. **[A]**= Verwendung von 0,5 % Glucose im M9-Minimalmedium während der Induktion. **[B]**= Verwendung von 1,0 % Glucose im M9-Minimalmedium während der Induktion. **[C]**= Verwendung von 0,2 % Lactose im M9-Minimalmedium während der Induktion. **[D]**= vollständige Entfernung der Kohlenstoffquelle aus dem M9-Minimalmedium während der Induktion. ◆= NOx-Ganzzellbiokatalysator (*E. coli* BL21(DE3) pAT-NOx) ohne IPTG-Zugabe, ■= NOx-Ganzzellbiokatalysator (*E. coli* BL21(DE3) pAT-NOx) mit IPTG-Zugabe. Dargestellt sind Mittelwerte ± Standardabweichung, n= 3.

Im Vergleich dazu führte ein Zusatz von 0,5 % Glucose zu M9-Minimalmedium zu einer NADH-Oxidase-Aktivität der Ganzzellbiokatalysatoren, die mit 5,1 mU/mL um etwa 20 % höher war (Diagramm A). Während der Induktion hatte die Zugabe verschiedener Glucosekonzentrationen somit offenbar keinen reprimierenden Einfluss auf den *lac*UV-Promotor. In der Probe, der während der Induktionsphase keine Kohlenstoffquelle zugefügt wurde, war keine Aktivität detektierbar (Diagramm D). Aufgrund des Kohlenstoffmangels ist in dieser Probe wahrscheinlich kein Protein exprimiert worden.

Die Untersuchung der Fraktion der Außenmembranproteine in der SDS-PAGE bestätigte die Ergebnisse des Aktivitätstests. So wurde in der Kultur, der keinerlei Kohlenstoffquelle zugesetzt worden war, kein NOx-Fusionsprotein exprimiert (Abbildung 15, Spur 2 u. 3). In den glucosehaltigen Proben, in denen die

Proteinexpression nicht induziert worden war, konnte keine Basalexpression detektiert werden (Spur 6 u. 8). Die in diesen Proben auftretende, schwache Bande von ~100 kDa Größe findet sich bereits im Außenmembranproteinisolat des Wirtsstammes *E. coli* BL21(DE3) (Spur 1).

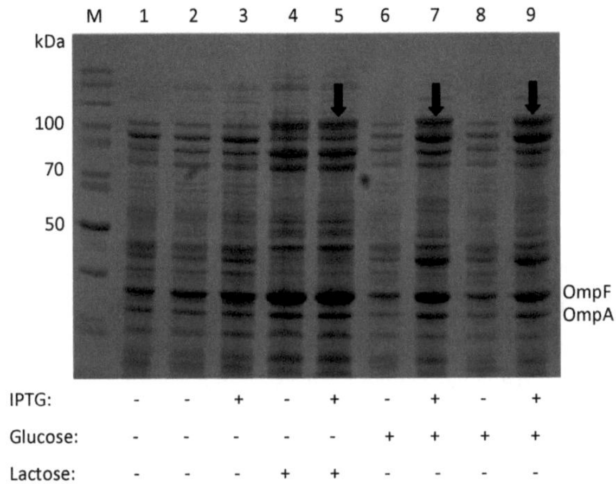

Abbildung 15: Oberflächenexpression in Gegenwart verschiedener Kohlenstoffquellen im Minimalmedium während der Induktion.
Präparationen der Außenmembranproteine. IPTG: Induktion der Genexpression durch Zugabe von 1 mM IPTG. OmpA, OmpF: Kennzeichnung der *E. coli* -Außenmembranproteine OmpA und OmpF. Glucose: Zugabe von 0,5% Glucose (Spur 7 und 8) und 1% Glucose (Spur 9 und 10) zur Kultur während der Induktion. Lactose: Zugabe von 0,2% Lactose zur Kultur während der Induktion. M = Protein-Größenstandard, Spur 1: Zur eingesetzter Wirtsstamm *E. coli* BL21(DE3), Spur 2-9: NOx-Ganzzellbiokatalysator (*E. coli* BL21(DE3) pAT-NOx). Die Proteinbande der NOx ist mit Pfeilen markiert.

Die Expression des Fusionsproteins durch IPTG wurde durch die Zugabe von Glucose nicht reprimiert wie in den Spuren 7 und 9 zu erkennen ist. In den Isolaten der Außenmembranproteine ist deutlich eine prominente Bande bei ~100 kDa zu sehen. Dabei ist die Nachweisbarkeit dieser Bande in den glucosehaltigen Proben vergleichbar mit der lactosehaltigen Referenz. Das Fusionsprotein wurde anscheinend in allen Kulturen, denen eine Kohlenstoffquelle zugesetzt worden war, in ähnlicher Menge exprimiert.

6.1.5.2 Untersuchungen zu Stabilität und Lagerungsfähigkeit des NOx-Ganzzellbiokatalysators

Im Hinblick auf eine industrielle Nutzung des NOx-Ganzzellbiokatalysators sollte die Stabilität und Lagerungsfähigkeit der Zellen bei verschiedenen Temperaturen untersucht werden. Für diese Untersuchung wurden der NOx-Ganzzellbiokatalysator *E. coli* BL21(DE3) pAT-NOx und der Wirtsstamm *E. coli* BL21(DE3) als Kontrolle in

LB-Medium kultiviert. Nach Erreichen einer OD_{578} vom 0,5 wurde in der Kultur mit dem Ganzzellbiokatalysator die Proteinexpression durch Zugabe von 1 mM IPTG induziert. Beide Kulturen wurden zur Erzeugung von „resting cells“ weitere 16 h bei 30 °C und 200 rpm inkubiert. Anschließend wurden die Zellen durch Waschen in Kaliumphosphatpuffer wie für die Aktivitätsuntersuchung vorbereitet. Den Ansätzen, die bei -18 und -70 °C gelagert werden sollten, wurde 20 % Glycerol zu einer OD_{578} von 10 zugegeben. Zur Lagerung wurden die Zellen zu 200 µL aliquotiert und bei 8 °C, -18 °C und -70 °C eingelagert. Über einen Zeitraum von 7 Wochen wurden jedem der drei Lagerstandorte einmal pro Woche drei Aliquots entnommen. Die Zellen aus diesen Aliquots wurden einer Aktivitätsbestimmung im Mikrotiterplattenmaßstab unterzogen. Die Messung der Absorption wurde als Dreifachbestimmung durchgeführt, wobei je ein Aliquot an Zellen für einen Ansatz verwendet wurde. Zur Bestimmung der Aktivität der Ganzzellbiokatalysatoren wurde zunächst eine Aktivitätsuntersuchung mit ungelagerten Zellen durchgeführt (Abbildung 16 Diagramm A). Hierbei zeigte sich eine Oxidation des NADH durch den NOx-Ganzzellbiokatalysator. Der zur Kontrolle verwendete Wirtsstamm *E. coli* BL21(DE3) wies keine NADH-Oxidase-Aktivität auf (Abbildung 16). Die bei +8 °C gelagerten NOx-Ganzzellbiokatalysatoren zeigten eine gleichbleibende Aktivität von etwa 1,5 mU/mL über die Dauer von sieben Wochen (Diagramme B-H, grau dargestellte Verläufe). Jedoch trat in den Proben mit dem zur Kontrolle verwendeten Wirtsstamm *E. coli* BL21(DE3) bereits nach einer Woche eine NADH-Oxidation auf. Nach Ablauf der siebenwöchigen Lagerung wurde schlussendlich sowohl durch den Wirtsstamm *E. coli* BL21(DE3), als auch durch den Ganzzellbiokatalysator *E. coli* BL21(DE3) pAT-NOx das NADH vollständig zu NAD^+ oxidiert (Diagramm H). Dies lässt sich wahrscheinlich auf eine Lyse der Zellen und eine damit einhergehende Freisetzung NADH-verbrauchender Dehydrogenasen oder anderer Enzyme zurückführen, die eine Oxidation des NADH bewirken. Die Aktivität des NOx-Fusionsproteins wird durch diesen Effekt übertroffen. Eine Bestimmung der NADH-Oxidase-Aktivität des NOx-Ganzzellbiokatalysators nach der Lagerung bei 8 °C ist somit nicht möglich.

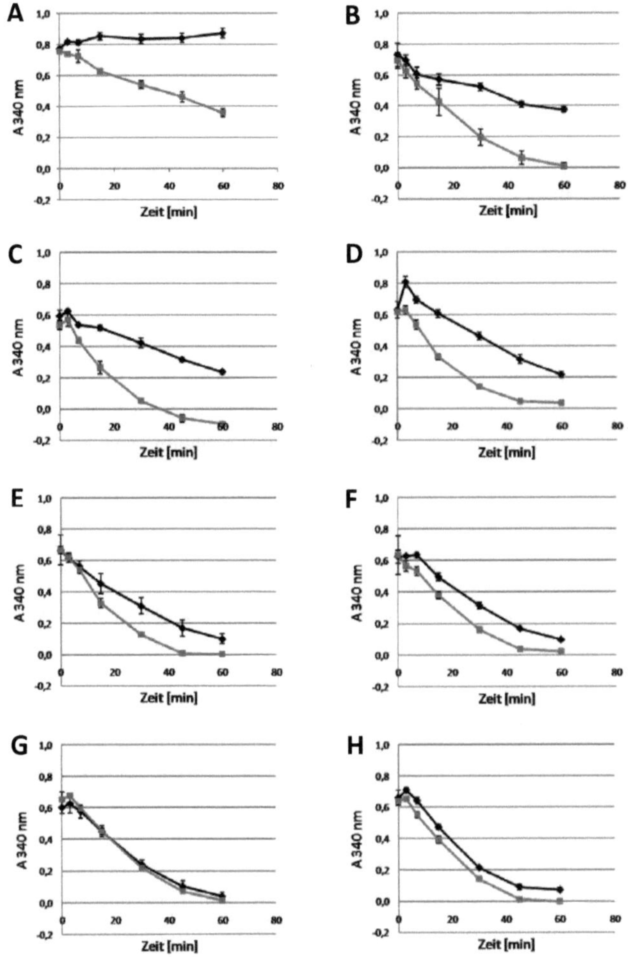

Abbildung 16: NADH-Oxidase-Aktivität des NOx-Ganzzellbiokatalysators, der über 7 Wochen bei +8 °C gelagert wurde.

Für die Lagerung wurden die Zellen in Kaliumphosphatpuffer (0,1 M, pH 7,5) auf eine OD_{578} von 10 gebracht, aliquotiert und bei +8°C eingelagert. Für die Aktivitätsbestimmung wurden die Zellen in der Mikrotiterplatte in o.g. Puffer auf eine OD_{578} von 1 verdünnt und zum Reaktionsstart wurden 0,2 mM NADH zugefügt. Durch Messung der Absorptionsabnahme bei 340 nm wurde die Oxidation des NADH zu NAD^+ verfolgt. Um den Einfluss einer während der Lagerung eintretenden Zelllyse zu berücksichtigen, wurde der Wirtsstamm *E. coli* BL21(DE3) ebenfalls auf die gleiche Art gelagert und der gleichen Aktivitätsbestimmung unterzogen. ◆= zur Kontrolle eingesetzter Wirtsstamm (*E. coli* BL21(DE3)), ■= NOx-Ganzzellbiokatalysator (*E. coli* BL21(DE3) pAT-NOx). Die Aktivitätsbestimmung erfolgte mit Zellen vor der Lagerung **[A]**, mit Zellen, die eine Woche **[B]**, zwei Wochen **[C]**, drei Wochen **[D]**,vier Wochen **[E]**, fünf Wochen **[F]**, sechs Wochen **[G]** und sieben Wochen **[H]** gelagert worden waren. Dargestellt sind Mittelwerte ± Standardabweichung, n= 3.

Untersucht man die Aktivität der bei -18°C gelagerten NOx-Ganzzellbiokatalysatoren zeigt sich über den Zeitraum der Lagerung ebenfalls eine, verglichen mit dem Anfangswert, konstant bleibende NADH-Oxidase-Aktivität der NOx-Ganzzellbiokatalysatoren von circa 2 mU/mL. Dies ist zu erkennen in Abbildung 17, Diagramm A und B-H. Die Ansätze, mit dem Wirtsstamm *E. coli* BL21(DE), zeigten über den Verlauf der Lagerung keinen NADH-oxidierenden Effekt. Offenbar war es durch diese Art der Lagerung nicht zu einer Lyse der Zellen und einer dadurch bedingten Freisetzung von NADH oxidierenden Enzymen gekommen. Die Lagerung der Ganzzellbiokatalysatoren bei -18 °C war möglich, die auf diese Weise behandelten Proben blieben stabil.

Ein ähnliches Ergebnis lieferte auch die Untersuchung der Lagerungsfähigkeit bei -70 °C. Die Aktivitätsuntersuchung der ungelagerten Zellen zeigte NADH-Oxidase-Aktivität in der Probe mit NOx-Ganzzellbiokatalysator, nicht jedoch in der Probe mit dem zur Kontrolle eingesetzten Wirtsstamm *E. coli* BL21(DE3) (Abbildung 18 A). Die Zellen konnten somit für die Lagerung bei -70 °C verwendet werden. Über den gesamten Zeitraum der Lagerung blieb die NADH-Oxidase-Aktivität des NOx-Ganzzellbiokatalysators mit etwa 2,5 mU/mL konstant. Die zur Kontrolle eingesetzten Wirtszellen zeigten über den gesamten Zeitraum der Lagerung keinen NADH-oxidierenden Effekt. Die Absorption blieb im Rahmen der Schwankungen auf einem konstanten Niveau. Der Ganzzellbiokatalysator war somit bei -70 °C ebenfalls ohne eintretende Zelllyse lagerungsfähig.

Bei jeder Probenentnahme wurde zeitgleich zur Bestimmung der Aktivität auch die Zellzahl in einem der entnommenen Aliquots bei allen drei Lagerungstemperaturen bestimmt. Es sollte untersucht werden, wie viele Zellen durch die Lagerung sterben und ob die Aktivität der Ganzzellbiokatalysatoren und die Anzahl an lebensfähigen Zellen in den untersuchten Ansätzen korrelieren. Trägt man die ermittelte Lebendzellzahl gegen die Zeit auf, ergibt sich, wie in Abbildung 19 dargestellt folgendes Bild: In den ersten drei Wochen nimmt die Zellzahl in allen drei bei unterschiedlichen Temperaturen gelagerten Proben um etwa 2 Zehnerpotenzen ab und bleibt dann auf einem konstanten Niveau. Die Lebendzellzahl auf diesem Niveau ist für die bei +8 °C gelagerten Proben mit etwa $2 \cdot 10^{10}$ Zellen/mL am geringsten. Für die bei -18 °C gelagerten Proben stellt sich diese Zahl auf einem etwa zwei Zehnerpotenzen höheren Niveau ein, wobei der Anfangswert für die Lebendzellzahl in beiden Ansätzen der Gleiche war.

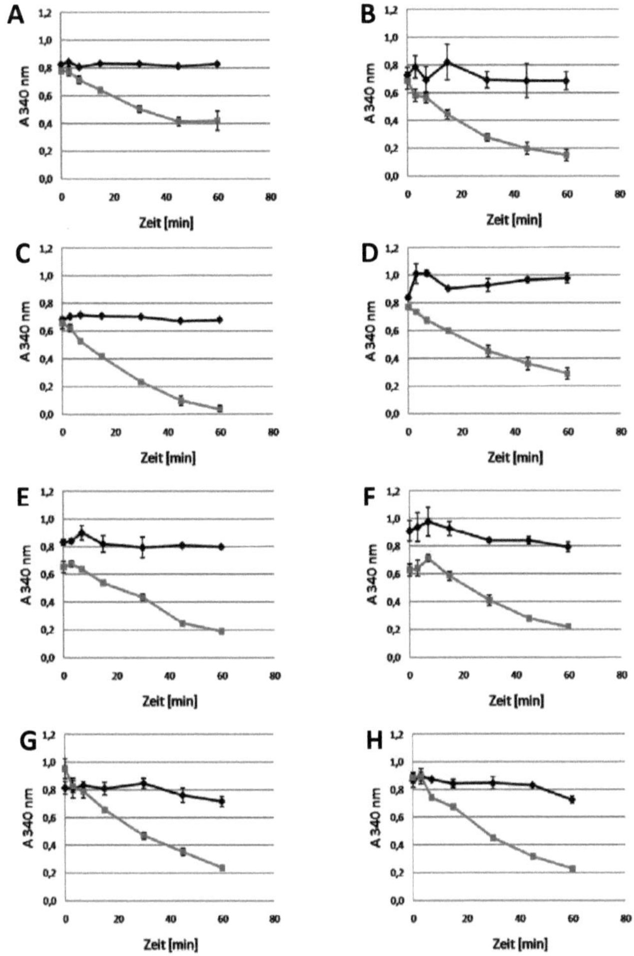

Abbildung 17: NADH-Oxidase-Aktivität des NOx-Ganzzellbiokatalysators, der über 7 Wochen bei -18°C gelagert wurde.

Für die Lagerung wurden die Zellen in Kaliumphosphatpuffer (0,1 M, pH 7,5) unter Zugabe von 20 % Glycerol auf eine OD_{578} von 10 gebracht, aliquotiert und eingefroren. Für die Aktivitätsbestimmung wurden die Zellen in 200 µl Ansätzen in der Mikrotiterplatte in o.g. Puffer auf eine OD_{578} von 1 verdünnt und zum Reaktionsstart wurden 0,2 mM NADH zugefügt. Durch Messung der Absorptionsabnahme bei 340 nm wurde die Oxidation des NADH zu NAD^+ verfolgt. Um den Einfluss einer während der Lagerung eintretenden Zelllyse zu berücksichtigen, wurde der Wirtsstamm *E. coli* BL21(DE3) ebenfalls auf die gleiche Art gelagert und der gleichen Aktivitätsbestimmung unterzogen. ◆= zur Kontrolle eingesetzter Wirtsstamm (*E. coli* BL21(DE3)), ■= NOx-Ganzzellbiokatalysator (*E. coli* BL21(DE3) pAT-NOx). Die Aktivitätsbestimmung erfolgte mit Zellen vor der Lagerung **[A]**, mit Zellen, die eine Woche **[B]**, zwei Wochen **[C]**, drei Wochen **[D]**,vier Wochen **[E]**, fünf Wochen **[F]**, sechs Wochen **[G]** und sieben Wochen **[H]** gelagert worden waren. Dargestellt sind Mittelwerte ± Standardabweichung, n= 3.

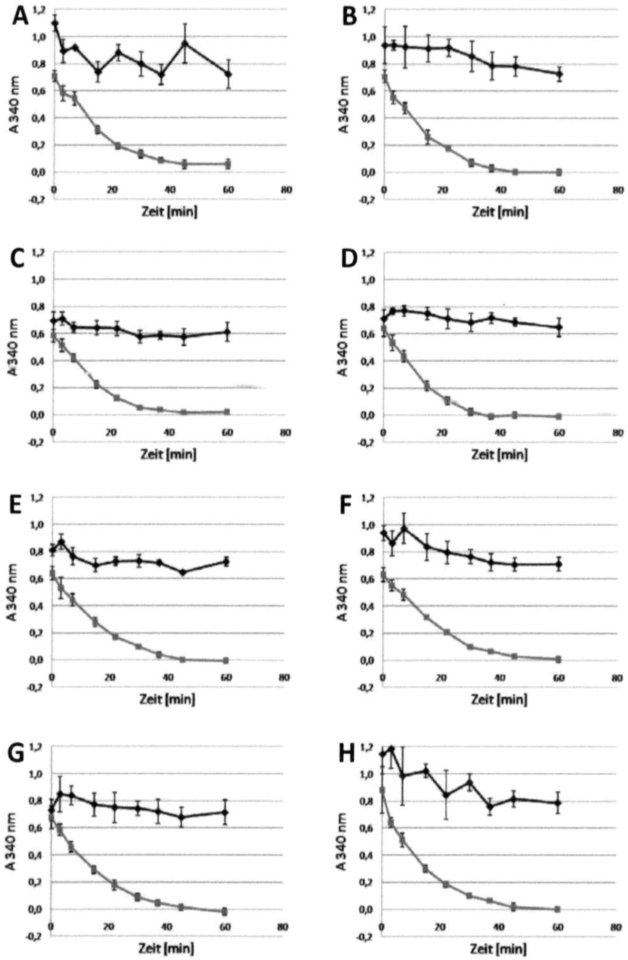

Abbildung 18: Aktivität des NOx-Ganzzellbiokatalysators, der über 7 Wochen bei -70°C gelagert wurde. Für die Lagerung wurden die Zellen nach in Kaliumphosphatpuffer (0,1 M, pH 7,5) unter Zugabe von 20 % Glycerol auf eine OD_{578} von 10 gebracht, aliquotiert und eingefroren. Für die Aktivitätsbestimmung wurden die Zellen in 200 µl Ansätzen in der Mikrotiterplatte in o.g. Puffer auf eine OD_{578} von 1 verdünnt und zum Reaktionsstart wurden 0,2 mM NADH zugefügt. Durch Messung der Absorptionsabnahme bei 340 nm wurde die Oxidation des NADH zu NAD verfolgt. Um den Einfluss einer während der Lagerung eintretenden Zelllyse zu berücksichtigen, wurde der Wirtsstamm *E. coli* BL21(DE3) ebenfalls auf die gleiche Art gelagert und der gleichen Aktivitätsbestimmung unterzogen. ◆= zur Kontrolle eingesetzter Wirtsstamm (*E. coli* BL21(DE3)), ■= NOx-Ganzzellbiokatalysator (*E. coli* BL21(DE3) pAT-NOx). Die Aktivitätsbestimmung erfolgte mit Zellen vor der Lagerung **[A]**, mit Zellen, die eine Woche **[B]**, zwei Wochen **[C]**, drei Wochen **[D]**,vier Wochen **[E]**, fünf Wochen **[F]**, sechs Wochen **[G]** und sieben Wochen **[H]** gelagert worden waren. Dargestellt sind Mittelwerte ± Standardabweichung, n= 3.

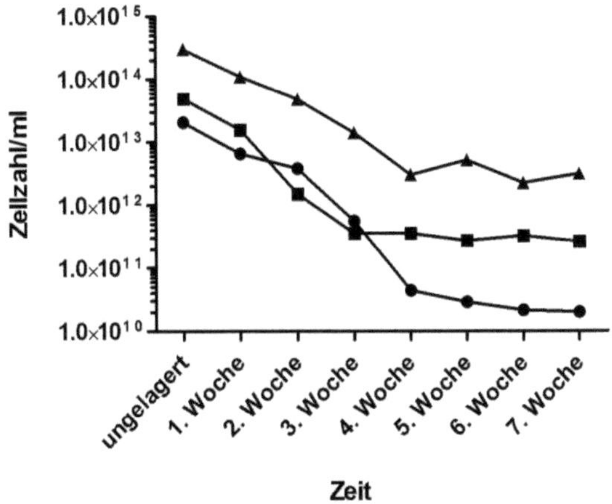

Abbildung 19: Zellzahlbestimmung in den für die Stabilitätsuntersuchung über 7 Wochen gelagerten Proben.
Dargestellt ist die Abnahme der Zellzahl in den bei -18°C gelagerten Proben [■], sowie die Abnahme der Zellzahl in den bei +8°C gelagerten Proben [●] und bei -70°C gelagerten Proben [▲]. Zur Bestimmung der Zellzahl wurden je einem gelagerten Aliquot 50 µl entnommen und mit diesen eine Verdünnungsreihe pipettiert. Je 50 µl von zwei adäquaten Verdünnungen wurden auf LB-Agarplatten mit 30 mg/l Kanamycin ausplattiert. Die Platten wurden über Nacht bei 37°C bebrütet und am darauffolgenden Tag wurden die Kolonien ausgezählt. Anhand der Zahl der koloniebildenden Einheiten wurde die Lebendzellzahl/mL berechnet.

Die nach drei Wochen konstant bleibende Lebendzellzahl ist mit etwa $3 \cdot 10^{14}$ Zellen/mL in dem bei -70 °C gelagerten Ansatz um weitere zwei Zehnerpotenzen höher. Da diese Proben aber einer zu einem späteren Zeitpunkt angesetzten Kultur entstammen, ist bereits der Anfangswert, verglichen mit den beiden anderen Ansätzen, um den gleichen Faktor höher (Abbildung 19). Die Abnahme der Lebendzellzahl in den bei -70 °C gelagerten Proben stimmt relativ betrachtet mit der in den bei -18 °C gelagerten Proben überein.

6.1.5.3 Untersuchungen zur Wiederverwendbarkeit des NOx-Ganzzellbiokatalysators

Im Folgenden sollte untersucht werden, ob der NOx-Ganzzellbiokatalysator wiederverwendbar ist. Dazu wurden mit denselben Zellen fünf Reaktionszyklen durchgeführt. Die Bestimmung der NADH-Oxidase Aktivität erfolgte dabei im Mikrotiterplattenmaßstab. Abbildung 20 veranschaulicht, dass die NOx-Aktivität des Ganzzellbiokatalysators im Verlauf der insgesamt fünf Aktivitätsbestimmungen stetig abnahm. In der fünften Bestimmung betrug sie mit etwa 1,5 mU/mL nur noch 50 % des Ausgangswertes von etwa 3 mU/mL. Zur Kontrolle wurde der Wirtsstamm *E. coli* BL21(DE3) eingesetzt. In allen fünf Untersuchungen wurde in diesen Kontrollproben kein NADH oxidiert.

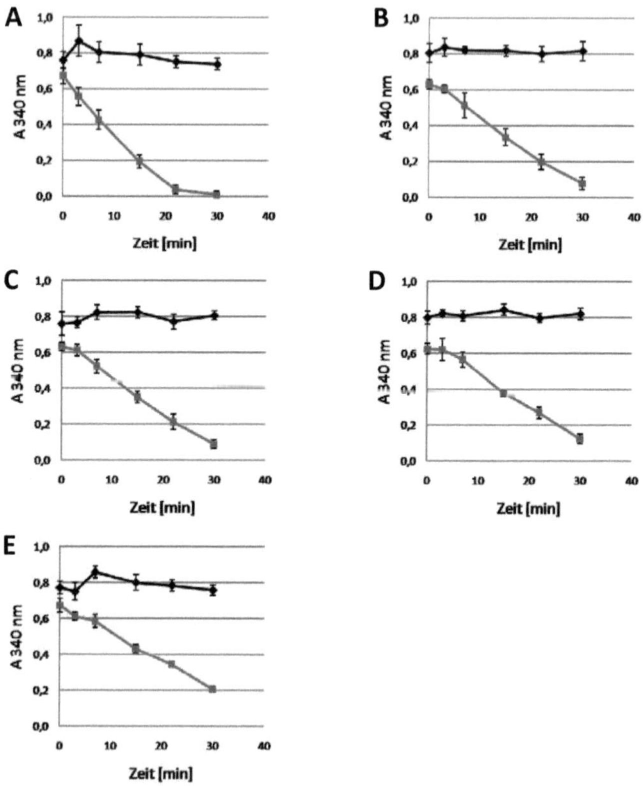

Abbildung 20: Wiederverwendbarkeit des NOx-Ganzzellbiokatalysators in fünf aufeinanderfolgenden Reaktionszyklen.
Die Zellen für den Test wurden mit Kaliumphosphatpuffer (0,1 M, pH 7,5) gewaschen und in diesem Puffer so suspendiert, dass eine OD_{578} von 10 erreicht wurde. Für die Aktivitätsbestimmung wurden die Zellen in 200 µl Ansätzen in der Mikrotiterplatte in o.g. Puffer auf eine OD_{578} von 1 verdünnt und zum Reaktionsstart wurden 0,2 mM NADH zugefügt. Durch Messung der Absorptionsabnahme bei 340 nm wurde die Oxidation des NADH zu NAD^+ verfolgt. Zur Wiederverwendung wurden die Zellen nach Ablauf der Reaktion zentrifugiert und in 160 µl Kaliumphosphatpuffer resuspendiert. Erneut wurden 0,2 mM NADH zum Reaktionsstart hinzugegeben und die Oxidation wurde photometrisch verfolgt. Dieser Ablauf wurde für insgesamt 5 Zyklen wiederholt. Um den Einfluss einer während der Behandlung gegebenenfalls auftretenden Zelllyse zu berücksichtigen wurde als Kontrolle der Wirtsstamm *E. coli* BL21(DE3) dem gleichen Test unterworfen. ◆= Wirtsstamm *E. coli* BL21(DE3), ■= NOx-Ganzzellbiokatalysator (*E. coli* BL21(DE3) pAT-NOx). Dargestellt ist die photometrische Bestimmung der NADH-Konzentrationsabnahme im ersten Zyklus **[A]**, im zweiten Zyklus **[B]**, im dritten Zyklus **[C]**, im vierten **[D]** und im fünften Zyklus **[E]** in Mittelwert ± Standardabweichung, n= 3.

Offenbar hielten die Zellen also der mechanischen Belastung der wiederholten Zentrifugation stand und lysierten unter der Behandlung nicht. Es kam zu keiner NADH-Oxidation durch z.B. freigesetzte Enzyme. Die NADH-Oxidation in den Proben mit NOx-Ganzzellbiokatalysator beruhte demnach auf der NADH-Oxidase-Aktivität des oberflächenständigen NOx-Fusionsproteins.

6.1.6 Einsatz des NOx-Ganzzellbiokatalysators als regenerierendes System

Die Einsatzmöglichkeiten des NOx-Ganzzellbiokatalysators liegen auf dem Gebiet der Cofaktorregeneration für NAD^+-reduzierende Enzyme. Die Eignung des Ganzzellbiokatalysators als regenerierendes System wurde deshalb in einem gekoppelten Testsystem kombiniert mit einer Acetaldehyd-Dehydrogenase (AlDH) aus *Saccharomyces cerevisiae* eingesetzt. Diese Dehydrogenase oxidiert Acetaldehyd zu Essigsäure und reduziert dabei ein Äquivalent NAD^+ zu NADH. Das NADH kann in diesem kombinierten Ansatz dann wiederum durch den NOx-Ganzzellbiokatalysator zu NAD^+ oxidiert werden (Abbildung 21).

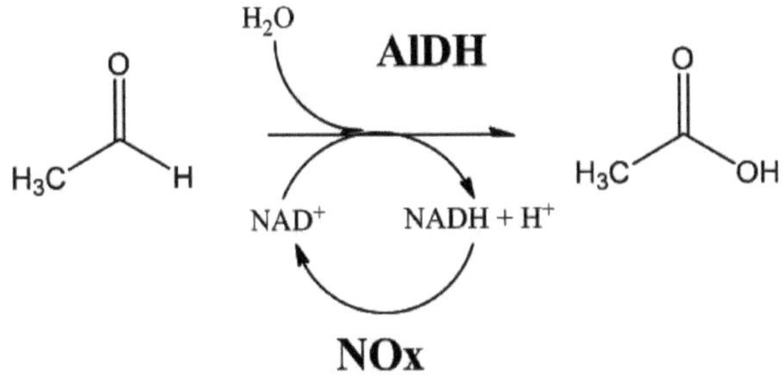

Abbildung 21: Gekoppelte Reaktion von AlDH und NOx zur Oxidation von Acetaldehyd zu Essigsäure.

Um den Ganzzellbiokatalysator in Kombination mit der AlDH einsetzen zu können, wurden zunächst die Aktivitäten beider Systeme getrennt voneinander untersucht. Dies geschah in beiden Fällen unter den Bedingungen, die für den gekoppelten Test angewendet werden sollten. Die Aktivitätsuntersuchung der AlDH erfolgte nach einem modifizierten Protokoll von Bostian und Betts (1978b). Die in Abbildung 22 gezeigte Absorptionszunahme bei 340 nm belegt, dass die AlDH unter den gewählten Bedingungen aktiv war. Berechnet man die enzymatische Aktivität anhand der Steigung so findet man mit 12 mU lediglich 20% der eingesetzten 60 mU wieder. Dies lag darin begründet, dass nicht die optimalen Reaktionsbedingungen für die AlDH vorlagen, da diese in Anbetracht des geplanten kombinierten Einsatzes mit lebenden *E. coli*-Zellen entsprechend modifiziert worden waren. So sah z.B. das Protokoll der Aktivitätsuntersuchung für die reine AlDH einen pH-Wert von 8 vor, unter den modifizierten Bedingungen wurde ein Puffer mit pH 7,5 eingesetzt.

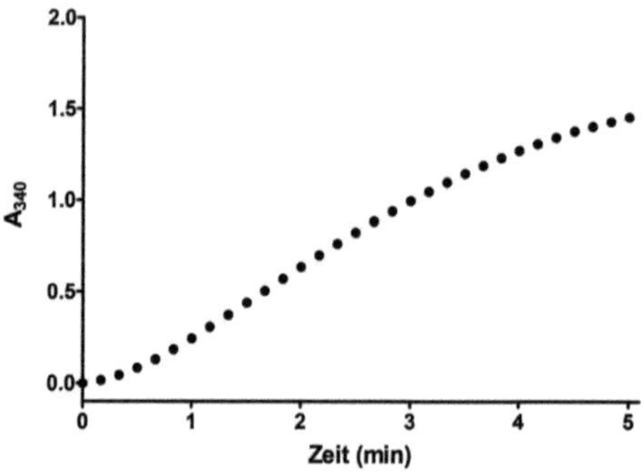

Abbildung 22: Photometrische Bestimmung der AlDH-Aktivität aus *Saccharomyces cerevisiae*.
Bei 340 nm wurde die Absorptionszunahme durch das entstehende NADH verfolgt. Die Messung erfolgte alle 10 sec über insgesamt 5 Minuten. Es wurden 60 mU des Enzyms eingesetzt.

Um den Einfluss der für den gekoppelten Einsatz notwendigen, modifizierten Bedingungen auf die Aktivität des NOx-Fusionsproteins zu untersuchen, wurde auch dessen NADH-Oxidase-Aktivität in dem für den gekoppelten Assay eingesetzten Puffersystem untersucht. Dazu wurden der NOx-Ganzzellbiokatalysator (*E. coli* BL21(DE3) pAT-NOx) bis zu einer OD_{578} von ~0,3 in M9-Minimalmedium kultiviert. Durch Zugabe von 1 mM IPTG wurde die Proteinexpression induziert und die Zellen wurden weitere 16 h bei 30 °C und 200 rpm inkubiert. Zu Beginn der 16 h wurde der Kultur einmalig zusätzlich 0,5 % Glucose zugegeben. Die Aufbereitung und kurzfristige Lagerung dieser Zellen fand in Kaliumphosphatpuffer 0,1 M, pH 7,5 statt. Vor der Aktivitätsuntersuchung wurden die Zellen durch Zentrifugation aus diesem Puffer entfernt und in Tris-HCl-Puffer 0,1 M, pH 7,5 resuspendiert. Um die NADH-Oxidase-Aktivität des Fusionsproteins in beiden Puffersystemen vergleichen zu können, wurden die gleichen Zellen auch in Kaliumphosphatpuffer 0,1 M, pH 7,5 auf ihre Aktivität überprüft. Die Aktivitätsuntersuchung fand bei 30 °C statt.

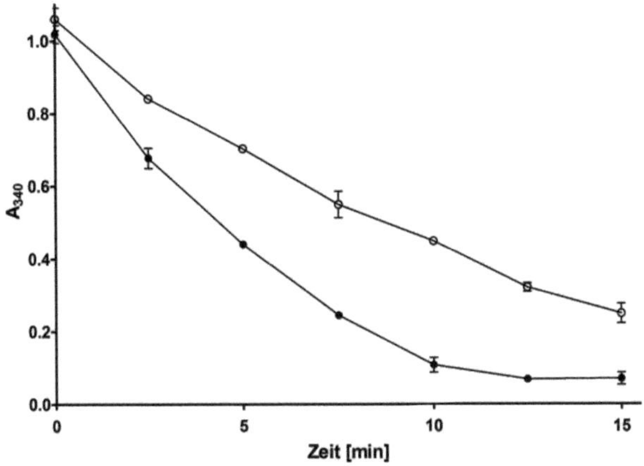

Abbildung 23: Photometrische Bestimmung der NOx-Aktivität in verschiedenen Puffersystemen. Eingesetzt wurde das Standardpuffersystem für die NOx-Aktivitätsbestimmung (0,1 M Kaliumphosphat, pH 7,5) **[●]**, und das Puffersystem für den kombinierten Ansatz (0,1 M Tris-HCl, pH 7,5) **[O]** Die Zellen wurden zu einer optischen Dichte bei 578 nm von 1 eingesetzt. Die Aktivitätsbestimmung beider Ansätze erfolgte bei 30 °C. Dargestellt sind Mittelwerte ± Standardabweichung, n=3.

Wie Abbildung 23 veranschaulicht, zeigte der NOx- Ganzzellbiokatalysator auch in dem modifizierten Puffersystem eine ausreichende Aktivität. Berechnet man die Konzentrationsänderung des NADH anhand der Steigung, ergibt sich nach dem Lambert-Beerschen Gesetz eine Aktivität des Ganzzellbiokatalysators von 10,74 mU/mL unter den entsprechend abgewandelten Reaktionsbedingungen. Das sind etwa 65 % der hier ebenfalls berechneten Aktivität des Ganzzellbiokatalysators unter Standardbedingungen in Kaliumphosphatpuffer von 16,45 mU/mL.

Da sowohl das reine Enzym AlDH als auch der NOx-Ganzzellbiokatalysator *E. coli* BL21(DE3) pAT-NOx unter den gewählten Bedingungen Aktivität zeigten, konnte die Eignung des Ganzzellbiokatalysators zur Regeneration von NAD^+ in einem kombinierten System aus AlDH und NOx-Ganzzellbiokatalysator untersucht werden. Für die Untersuchung wurden die Zellen in M9-Minimalmedium bis zu einer OD_{578} von ~0,3 kultiviert, durch Zugabe von 1 mM IPTG wurde die Proteinexpression induziert und die Kulturen nach zusätzlicher, einmaliger Zugabe von 0,5 % Glucose für weitere 16 h inkubiert. Als weitere Kontrolle wurde auch hier der Nitrilase-Ganzzellbiokatalysator *E. coli* BL21(DE3) pCD003 eingesetzt. Die Zellen für den Kontrollansatz waren dabei genauso kultiviert und behandelt worden, wie der NOx-Ganzzellbiokatalysator. Vor ihrer Verwendung wurden die Zellen in Tris-HCl-Puffer überführt und in den Reaktionsansätzen zu einer OD_{578} von 1 eingesetzt. Zum Reaktionsstart wurde 0,2 mM NADH zugegeben und die NADH-konzentrationsabhängige Absorptionsänderung in den Zellsuspensionen bei 340 nm vermessen. Zusätzlich wurden alle Reaktionsansätze noch bei 590 nm vermessen. Dies diente zur Berücksichtigung der optischen Dichte der Proben. Es wurde die Differenz aus beiden Absorptionswerten bestimmt.

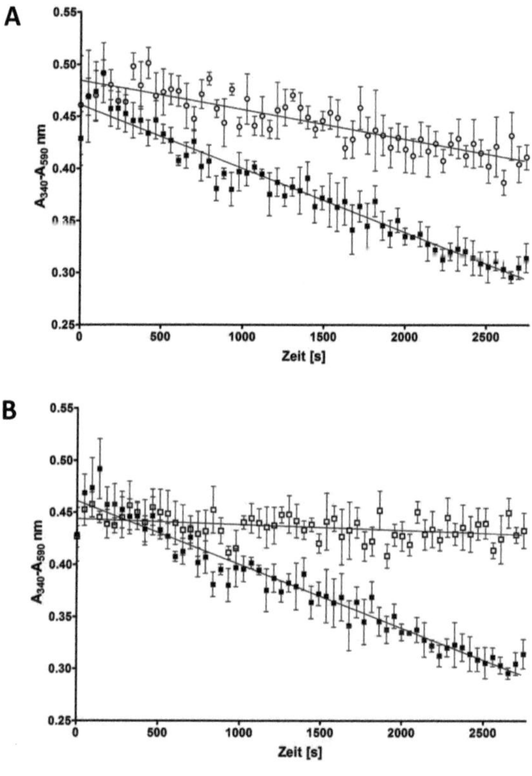

Abbildung 24: Einsatz des Ganzzellbiokatalysators zur Regenerierung des NAD+ in einem gekoppelten System mit einer Acetaldehyddehydrogenase.
Dargestellt ist die Änderung der Absorption bei 340 nm abzüglich des Absorptionswertes der Zellsuspension bei 590 nm. **[A]**: NADH-Oxidase-Aktivität des NOx-Ganzzellbiokatalysators und Überprüfung NADH-oxidierender Effekte der eingesetzten Kontrolle unter den für den kombinierten Einsatz optimierten Bedingungen in Abwesenheit von AlDH. **[B]**: Gekoppeltes System mit NOx-Ganzzellbiokatalysator und AlDH im Vergleich mit NOx-Ganzzellbiokatalysator ohne AlDH-Zusatz. ■: NADH-Umsetzung durch den NOx-Ganzzellbiokatalysator (OD_{578}= 1). O: Kontrollprobe mit Nitrilase-Ganzzellbiokatalysator ohne AlDH-Zusatz (OD_{578} = 1). □: Kombinierte Probe mit NOx-Ganzzellbiokatalysator (OD_{578}= 1) und AlDH (60mU). Gezeigt sind Mittelwerte ± Standardabweichung, n=4.

Wie aus Abbildung 24 A hervorgeht, zeigte der NOx-Ganzzellbiokatalysator auch unter den veränderten, auf die Kombination von AlDH und Ganzzellbiokatalysator angepassten Bedingungen, NADH-Oxidase-Aktivität. Die Kontrollprobe, die nur den Nitrilase-Ganzzellbiokatalysator *E. coli* BL21(DE3) pCD003 ohne Zugabe der AlDH enthielt, zeigte, wie auch zuvor schon beobachtet und für die Aktivitätsuntersuchung im Mikrotiterplattenmaßstab beschrieben, eine leichte Abnahme in der NADH-Konzentration über den gesamten Zeitraum. Bemisst man diese Konzentrationsabnahme an der Steigung des Absorptionsverlaufs, zeigt sich, dass diese jedoch um den Faktor drei geringer ist als in der Probe des NOx-Ganzzellbiokatalysators. Im gekoppelten System mit NOx-Ganzzellbiokatalysator und AlDH (Abbildung 24 B) blieb die NADH-Konzentration konstant. Das in der Dehydrogenase-Reaktion entstandene NADH wurde über die gesamte Dauer der Messung durch den NOx-Ganzzellbiokatalysator zu NAD^+ oxidiert. Das System lag somit im Gleichgewicht.

Diese Untersuchung wurde ebenfalls noch mit NAD^+ als Substrat durchgeführt. In diesem Ansatz sollte das NAD^+ durch die AlDH reduziert werden und das dabei entstehende NADH durch die NOx wieder oxidiert werden. Bei einem kombinierten Einsatz von NOx-Ganzzellbiokatalysator und AlDH sollte demnach keinerlei Zunahme an NADH detektierbar sein. Als Kontrollen wurden hier der Wirtsstamm *E. coli* BL21(DE3) und erneut der Nitrilase-Ganzzellbiokatalysator *E. coli* BL21(DE3) pCD003 eingesetzt. Die Zellen wurden entsprechend der vorangegangenen Untersuchung in M9-Minimalmedium kultiviert, für die Untersuchung vorbereitet und vor der Untersuchung in Tris-HCl-Puffer überführt. Die Zusammensetzung des Testansatzes und die Aktivitätsbestimmung erfolgten wie beschrieben mit dem Unterschied, dass NAD^+ statt NADH eingesetzt wurde. Dadurch war in dieser Aktivitätsbestimmung die Reaktion der AlDH der geschwindigkeitsbestimmende Schritt, da das Substrat für die Reaktion des NOx-Fusionsproteins, das NADH, erst entstehen musste. Die zuvor eingesetzten Enzymkonzentrationen und Zelldichten waren somit nicht direkt übertragbar. Um die Bedingungen für ein Gleichgewicht zwischen den Reaktionen des NOx-Fusionsproteins und der AlDH zu optimieren, wurden deshalb der Ganzzellbiokatalysator in einer optischen Dichte (578 nm) von 5 und 30 mU der AlDH eingesetzt. Für die Kontrollzellen war der Einsatz einer OD_{578} von 1 ausreichend. Die bei 340 nm und bei 590 nm gemessenen Absorptionswerte wurden zueinander ins Verhältnis gesetzt, um das Ergebnis auf die Zellzahl normieren zu können. In Abbildung 25 lässt sich die Reaktion der AlDH anhand der Absorptionszunahme bei 340 nm verfolgen. In den Ansätzen, die zur Kontrolle den Wirtsstamm *E. coli* BL21(DE3) bzw. den Nitrilase-Ganzzellbiokatalysator *E. coli* BL21(DE3) pCD003 und die AlDH enthielten, wurde, durch die AlDH-Reaktion vermittelt, stetig NAD^+ zu NADH reduziert, was in der Zunahme der Absorption bei 340 nm erkennbar war. Wie auch zuvor schon beobachtet, zeigte der Nitrilase-Ganzzellbiokatalysator einen leichten NADH-oxidierenden Effekt, der Anstieg der NADH-Konzentration ist in dieser Kontrolle ein wenig geringer als in der Kontrolle mit den Wirtszellen. In dem gekoppelten System von NOx-Ganzzellbiokatalysator und AlDH ist zu Beginn eine leichte Absorptionszunahme detektierbar. Offenbar ist die Reaktion der AlDH etwas schneller als die Reaktion des NOx-Fusionsproteins, es entsteht zunächst eine gewisse Menge NADH. Nach etwa 300-400 s bleibt die Absorption und somit auch die NADH-Konzentration konstant, was bedeutet, dass das in der AlDH-Reaktion entstehende NADH durch das NOx-Fusionsprotein stetig zu NAD^+ regeneriert wurde und somit wieder für die Reaktion der AlDH zur Verfügung stand. Das System lag somit im Gleichgewicht.

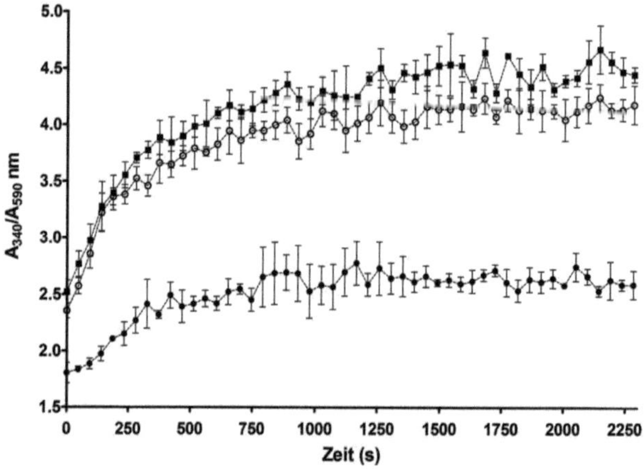

Abbildung 25: Einsatz des Ganzzellbiokatalysators zur Regenerierung des NAD^+ in einem gekoppelten System mit einer Acetaldehyddehydrogenase.
Dargestellt ist die Änderung der Absorption bei 340 nm normiert auf die Absorptionsänderung bei 590 nm. ■ = Kontrollansatz mit AlDH (30 mU) und den zur Kontrolle eingesetzten Wirtszellen *E. coli* BL21(DE3), OD_{578} = 1. O = Kontrollansatz mit AlDH (30 mU) und dem Nitrilase-Ganzzellbiokatalysator *E. coli* BL21(DE3) pCD003, OD_{578} = 1 ● = Kombinierter Ansatz mit AlDH (30 mU) und NOx-Ganzzellbiokatalysator, OD_{578} = 5. Gezeigt sind Mittelwerte ± Standardabweichung, n = 4.

6.1.7 Die Rolle des FAD-Cofaktors bei Expression und Aktivität der NOx

Die NOx aus *Lactobacillus brevis* ist ein homotetrameres Flavoenzym. Jede der vier Untereinheiten trägt einen nicht kovalent gebundenen FAD-Cofaktor (Kuzu *et al.* 2005). Trotz der nicht kovalenten Bindung wurde, Bezug nehmend auf Van Bloois et al. (2009) versucht, das inkorporierte FAD im Außenmembranproteinisolat (nach Auftrennung in der SDS-PAGE) auf dem Western Blot mittels eines Anti-Riboflavin-Antikörpers nachzuweisen. Da es sich um ein polyklonales Antikörperserum handelte, wurde zunächst dessen Spezifität untersucht. Dazu wurden Präparationen der Außenmembranproteine von Zellen mit verschiedenen Autotransporter-

Fusionsproteinen verwendet. So sollte ausgeschlossen werden, dass Antikörper aus dem Serum bereits an andere Bestandteile der Autotransportereinheit binden und die Antikörperfärbung somit keine ausreichende Spezifität gegenüber Riboflavin bzw. dem FAD-Cofaktor zeigte. Bei den verwendeten Zellen handelte es sich mit dem Nitrilase-Ganzzellbiokatalysator *E. coli* BL21(DE3) pCD003, um Zellen, die eine Nitrilase aus *Alcaligenes faecalis* auf ihrer Oberfläche präsentieren, sowie um *E. coli* BL21(DE3) pET-SH3-Zellen, die ein Oligopeptid, bestehend aus fünf Aminosäuren, oberflächenständig exprimieren. Als Positivkontrolle wurden Außenmembranproteinisolate von *E. coli* BL21(DE3) pET-POx19 aufgetragen. Diese Zellen exprimieren via Autodisplay ein anderes Flavoprotein auf ihrer Oberfläche, eine Pyranose-Oxidase aus dem Weißfäulepilz *Peniophora gigantea* (Soto Suárez 2003). Diese enthält kovalent gebundenes FAD (Danneel *et al.* 1993).

Die Zellen für diese Untersuchung wurden wie üblich bis zu einer OD_{578} von 0,5 kultiviert, wobei für alle Stämme LB-Medium verwendet wurde. Dann erfolgte die Induktion der Proteinexpression durch Zusatz von 1 mM IPTG über den Zeitraum von einer Stunde. Die Kultur wurde währenddessen bei 30 °C und 200 rpm inkubiert. Die Präparation der Außenmembranproteine erfolgte nach dem von Schultheiss *et al.* (2002) modifizierten Protokoll, welches auf einer Methode von Hantke (1981) beruht. Die so präparierten Außenmembranproteine wurden mittels SDS-PAGE auf zwei verschiedenen Polyacrylamidgelen aufgetrennt. Die Proteine aus einem der Gele wurden auf eine PVDF-Membran transferiert und anschließend mittels des Anti-Riboflavin-Antikörperserums und eines Meerrettichperoxidase-gekoppelten Sekundärantikörpers markiert. Wie in Abbildung 26 A ersichtlich wird, sind in der SDS-PAGE alle Fusionsproteine zu erkennen.

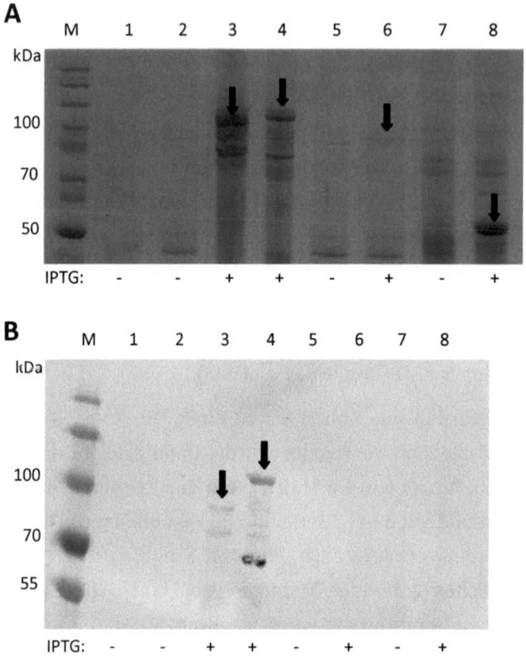

Abbildung 26: Spezifität des Riboflavin-Antikörpers in Präparationen der Außenmembranproteine. Präparationen der Außenmembranproteine in der SDS-PAGE [A] und im Western Blot [B]. Im Western Blot wurden Präparationen von Zellen mit verschiedenen oberflächenständig exprimierten Proteinen mit dem Anti-Riboflavin-Antikörperserum angefärbt, um dessen Spezifität zu untersuchen. IPTG: In den mit + markierten Proben wurde die Proteinexpression durch Zugabe von IPTG induziert. Die Pfeile kennzeichnen die oberflächenexprimierten Flavoproteine NOx und POx bzw. die in Spur 6 und 8 zur Kontrolle eingesetzten Autotransporter-Fusionsproteine. M= Proteingrößenstandard in kDa, ungefärbt [A], vorgefärbt [B]. Spur 1: Wirtsstamm *E. coli* BL21(DE3), Spur 2 und 3: NOx-Ganzzellbiokatalysator *E. coli* BL21(DE3) pAT-NOx, Spur 4: Positivkontrolle *E. coli* BL21(DE3) pET-POx19, Spur 5 und 6: Autotransporter-Fusionsprotein *E. coli* BL21(DE3) pCD003, Spur 7 und 8: Autotransporter-Fusionsprotein *E. coli* BL21(DE3) pET-SH3.

Auf dem Western Blot hingegen (Abbildung 26 B) ist nur mit den beiden Flavoproteinen eine Antikörperreaktion detektierbar. Offenbar ist das FAD trotz der Denaturierung durch SDS noch an die NOx-Untereinheiten gebunden, so dass wiederum der Anti-Riboflavin-Antikörper an den FAD-Cofaktor binden konnte. In Spur 3 und 4 sind deutlich Proteinbanden mit einem apparenten Molekulargewicht von etwa 100 kDa für das NOx-Fusionsprotein und von etwa 114 kDa für das POx-Fusionsprotein zu erkennen. Da keine anderen Passagiere und offenbar auch keine weiteren, von außen zugänglichen Teile des Autotransporters markiert wurden, erfolgte die Markierung durch den Anti-Riboflavin-Antikörper somit ausreichend spezifisch.

Im Western Blot konnte demnach anschließend untersucht werden, ob die Zugabe von FAD zum Kulturmedium notwendig war um die Zusammenlagerung des Holoproteins zu ermöglichen. Um eine kontrollierte FAD-Zugabe zu ermöglichen, wurden alle untersuchten Zellen dafür nicht in dem komplexen LB, sondern in M9-Minimalmedium kultiviert. Für die Untersuchung wurden jeweils drei Kulturen des NOx-Ganzzellbiokatalysators und drei Kulturen der Pyranose-Oxidase-präsentierenden Zellen angesetzt. Als weitere Kontrolle diente eine Kultur des Wirtsstammes *E. coli* BL21(DE3). Nachdem die Kulturen eine OD von ~0,3 erreicht hatten, wurde in jeweils zwei der Kulturen mit Enzym-präsentierenden Zellen durch Zugabe von 1 mM IPTG die Proteinexpression induziert. Jeweils einer der mit IPTG versehenen Kulturen wurde noch FAD in einer Gesamtkonzentration von 10 µM zugegeben. Die Zweite erhielt keinen FAD-Zusatz. Alle Kulturen wurden eine weitere Stunde bei 30 °C und 200 rpm inkubiert. Nach dieser Inkubation wurden die Außenmembranproteine nach dem Protokoll von Schultheiss et al. (2002) präpariert. Die so präparierten Proteine wurden auf zwei Polyacrylamidgelen mittels SDS-PAGE aufgetrennt und aus einem der beiden Gele mittels Western Blot auf eine PVDF-Membran transferiert. Die Antikörpermarkierung erfolgte mit dem Anti-Riboflavin-Antikörper entsprechend der des zuvor markierten Western Blots.

Sowohl in der SDS-PAGE (Abbildung 27 A) als auch im Western Blot (Abbildung 27 B) ist die Bande des Fusionsproteins der NOx und der POx bereits ohne Zugabe von FAD zu erkennen (Spur 3 und 6). Die Anlagerung des Anti-Riboflavin-Antikörpers erfolgte somit auch an das NOx- bzw. POx-Fusionsprotein, das in Abwesenheit von FAD exprimiert worden war. Die erfolgreiche Antikörpermarkierung im Western Blot deutet darauf hin, dass eine zusätzliche, externe Zufuhr des FAD-Cofaktors für die Inkorporierung des FAD und die dadurch korrekte Zusammensetzung des Holoenzyms nicht erforderlich ist.

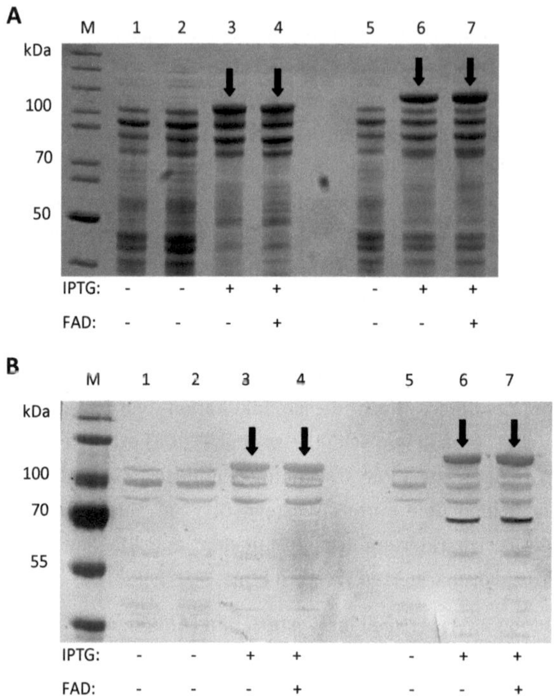

Abbildung 27: Expression der NOx als vollständiges Flavoprotein.
Präparationen der Außenmembranproteine in der SDS-PAGE **[A]** und im Western Blot **[B]**. Die für die Proteinpräparationen verwendeten Zellen wurden in M9-Minimalmedium kultiviert. M: Proteingrößenstandard in kDa, ungefärbt [A], vorgefärbt [B]. IPTG: In den mit + gekennzeichneten Proben wurde die Proteinexpression durch Zusatz von 1 mM IPTG induziert. FAD: Den mit + gekennzeichneten Proben wurde während der Induktionsphase 10 µM FAD zugesetzt. Zum Vergleich wurde der Stamm *E. coli* BL21(DE3) pET-POx19, der eine flavinhaltige Pyranose-Oxidase auf der Oberfläche präsentiert, eingesetzt. Spur 1: *E. coli* BL21(DE3), Spur 2-4: NOx-Ganzzellbiokatalysator (*E. coli* BL21(DE3) pAT-NOx), Spur 5-7: POx-präsentierende Zellen (*E. coli* BL21(DE3) pET-POx19). Die schwarzen Pfeile kennzeichnen das exprimierte NOx- bzw. POx-Fusionsprotein.

Weiterhin sollte untersucht werden, ob eine zusätzliche Zufuhr von FAD essentiell für die Aktivität des NOx-Ganzzellbiokatalysators war. Dazu wurden erneut zwei Kulturen des NOx-Ganzzellbiokatalysators und als Kontrolle eine Kultur des Wirtsstammes *E. coli* BL21(DE3) bis zu einer OD_{578} von ~0,3 in M9-Minimalmedium kultiviert. In beiden Kulturen des NOx-Ganzzellbiokatalysators wurde durch Zugabe von 1 mM IPTG die Proteinexpression induziert, aber nur einer dieser beiden Kulturen wurde 10 µM FAD zugegeben. Alle Kulturen wurden für weitere 16 h bei 30 °C und 200 rpm zur Erzeugung von „resting cells" für die Aktivitätsuntersuchung inkubiert. Anschließend wurden die Zellen durch Waschen und Suspendieren in Kaliumphosphatpuffer für die Aktivitätsuntersuchung vorbereitet. Die Messung der

Absorptionsabnahme erfolgte aus Zellsuspensionen mittels Mikrotiterplattenreader. Wie Abbildung 28 deutlich zeigt, verläuft die NADH-Konzentrationsabnahme in beiden Proben des NOx-Ganzzellbiokatalysators nahezu identisch. Sowohl mit als auch ohne Zusatz von FAD ist somit für den NOx-Ganzzellbiokatalysator eine gleich stark ausgeprägte NADH-Oxidase-Aktivität detektierbar. Das bedeutet, dass die Aktivität des oberflächenexprimierten NOx-Fusionsproteins nicht von einer gesteuerten exogenen FAD-Zufuhr abhängig ist. Wie bereits die Antikörperreaktion auf den Western Blots (Abbildung 27 B, Spur 3), deutet auch dieses Ergebnis darauf hin, dass die Zusammenlagerung von Apoflavoprotein und Cofaktor zu einem funktionellen Enzym auch ohne die Zugabe des FAD-Cofaktors von außen möglich ist.

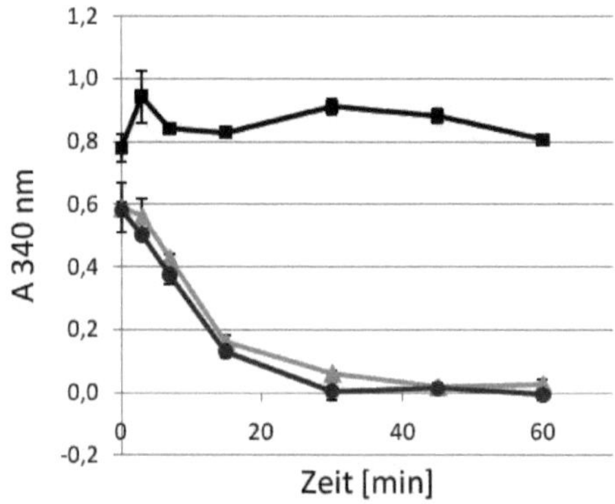

Abbildung 28: Aktivität des NOx-Ganzzellbiokatalysators in Abhängigkeit des FAD-Cofaktors.
Für diese Aktivitätsbestimmung wurden die Zellen zuvor in M9-Minimalmedium kultiviert. Die Induktion der Proteinexpression erfolgte durch Zugabe von IPTG über Nacht mit und ohne Zusatz von FAD zum Kulturmedium. Die Aktivitätsbestimmung wurde im Mikrotiterplattenmaßstab durch Messung der Absorptionsabnahme bei 340 nm über den Zeitraum von 1 Stunde durchgeführt. Dargestellt ist die Absorptionsabnahme über die Zeit in Zellsuspensionen von zur Kontrolle eingesetztem Wirtsstamm *E. coli* BL21(DE3) [■], NOx-Ganzzellbiokatalysator (*E. coli* BL21(DE3) pAT-NOx) ohne Zusatz von FAD [▲] und mit Zusatz von FAD [●] zur Hauptkultur während der Induktion.

Alternativ wurde versucht, das FAD photometrisch auf der Oberfläche der ganzen Zellen nachzuweisen. Freies FAD zeigt in Lösung zwei charakteristische Absorptionsmaxima bei 370 und 450 nm. Das an die oberflächenständige NOx gebundene FAD müsste sich somit in einem Ansatz mit ganzen Zellen photometrisch unter Berücksichtigung der durch die Zellen hervorgerufenen Lichtstreuung detektieren lassen. Für diese Untersuchung wurden der NOx-Ganzzellbiokatalysator *E. coli* BL21(DE3) pAT-NOx und der zur Kontrolle verwendete Wirtsstamm *E. coli* BL21(DE3) und der Nitrilase-Ganzzellbiokatalysator *E. coli* BL21(DE3) pCD003 in LB-Medium kultiviert. Die Kultivierung, Induktion der Proteinexpression und Aufbereitung der Zellen erfolgte analog der Vorgehensweise zu Anzucht und

Vorbereitung der Zellen für die Aktivitätsuntersuchung. Auf den Zusatz von FAD wurde bei allen Kulturen verzichtet. Die Absorptionsmessung wurde im Mikrotiterplattenreader durchgeführt. In Dreifachbestimmung wurden die Absorptionswerte bei 450 und 590 nm erfasst. Die Differenz aus beiden Werten ergab die Absorption des FAD abzüglich der durch die Zellen verursachten Absorption bei 590 nm. Wie in Abbildung 29 zu sehen ist, zeigten ausschließlich die Zellen, die die NOx auf ihrer Oberfläche präsentierten, eine Absorptionszunahme bei 450 nm in Abhängigkeit von der Zellzahl. Die Absorptionszunahme korrelierte mit der Zunahme der Zellzahl. Mit steigender Zellzahl in der Probe steigt auch die Menge an auf der Oberfläche exprimiertem Flavoprotein und somit auch die Menge an FAD.

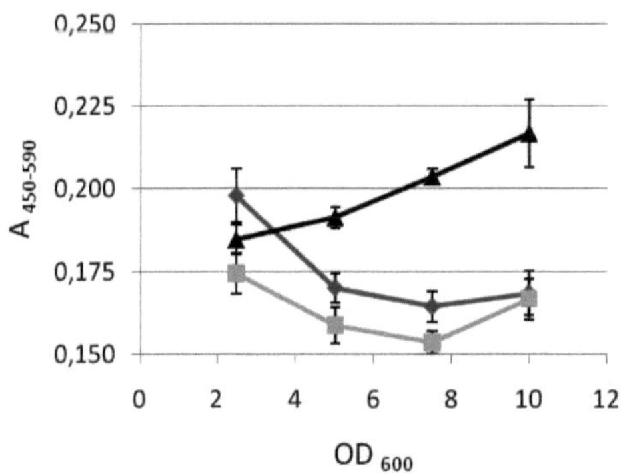

Abbildung 29: Photometrische Bestimmung des FAD auf der Oberfläche ganzer Zellen.
Dargestellt ist die Absorptionszunahme in Abhängigkeit der Zellzahlzunahme bei 450 nm abzüglich des Absorptionswertes der Zellsuspensionen bei 590 nm. Zellproben ansteigender optischer Dichte (OD_{578}= 2,5; 5; 7,5; 10) wurden in Dreifachbestimmung bei 450 und 590 nm vermessen. Die Differenz aus diesen beiden Absorptionswerten lieferte den Absorptionswert des in die NOx integrierten FAD. [▲] = NOx-Ganzzellbiokatalysator *E. coli* BL21(DE3) pAT-NOx. Als Kontrolle wurden der Wirtsstamm *E. coli* BL21(DE3) [◆] und der Nitrilase-Ganzzellbiokatalysator *E. coli* BL21(DE3) pCD003 [■] verwendet.

6.2 Autodisplay der Prenyltransferase aus *Aspergillus fumigatus*

6.2.1 Genkonstruktion

Das für die Prenyltransferase kodierende Gen *fgaPT2* wurde zunächst mittels PCR aus dem Plasmid pIU18 (Steffan *et al.* 2007) amplifiziert. An die verwendeten Oligonukleotidprimer EK003 und EK004 wurden zusätzlich lateral die Restriktionsendonukleaseschnittstellen für XhoI und KpnI angehängt. Das entstandene PCR-Produkt wurde mittels Agarosegelelektrophorese überprüft. Es konnte ein Amplifikat von ≤ 1500 bp detektiert werden, was mit der berechneten Größe von 1377 bp gut übereinstimmte (Abbildung 30 A). Zur vereinfachten Handhabung wurde das entstandene PCR-Produkt zunächst mit Hilfe des TOPO-TA®-Cloning Kit for Sequencing (Invitrogen, Groningen) in den Vektor pCR®-4-TOPO® inseriert. Das so entstandene Plasmid wurde mit den Restriktionsendonukleasen XhoI und KpnI verdaut. Das dadurch erhaltene, für die FgaPT2 kodierende, Fragment wurde aus Agarosegel aufgereinigt und in das ebenfalls mit XhoI und KpnI geschnittene Plasmid pET-Adx04 inseriert.

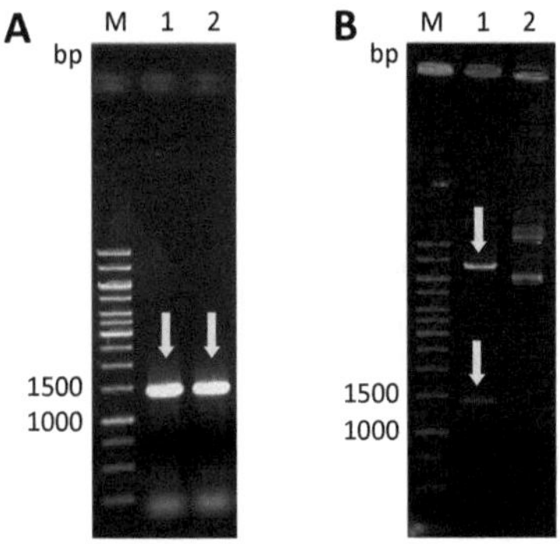

Abbildung 30: PCR [A] und Insertion [B] von *fgaPT2* in den Autotransportervektor pET-Adx04.
Als Matrize für die PCR diente das Plasmid pIU18. M: DNA- Größenstandard, **[A]**: 1+2= PCR-Produkt *fgaPT2*. Die Banden des Amplifikats mit einer Größe von 1377 bp sind mit Pfeilen gekennzeichnet. Das so entstandene PCR-Produkt wurde mit den Restriktionsendonukleasen XhoI und KpnI verdaut und in den auf die gleiche Weise geschnittenen Vektor pET-SH7 inseriert. Das resultierende Plasmid pEK004 wurde nach Vervielfältigung ebenfalls zur Kontrolle mit XhoI und KpnI verdaut **[B]**. M: DNA-Größenstandard, 1: pEK004 verdaut, 2: pEK004 unverdaut. Das Fragment *fgaPT2* (1377 bp) und das Vektorrückgrat (~7000 bp) sind mit Pfeilen markiert.

Dieses Plasmid trägt unter der Kontrolle eines induzierbaren Promotors die für das Autodisplay verwendete Translokationseinheit des AIDA-I-Autotransporters (Jose *et al.* 2001). Um den Erfolg der Insertion zu überprüfen, wurde das erhaltene Plasmid pEK004 mit den für die Ligation verwendeten Restriktionsenzymen XhoI und KpnI geschnitten. Die entstandenen Fragmente wurden mittels Agarosegelelektrophorese auf ihre Größe hin untersucht. Wie Abbildung 30 B zeigt, waren Banden für das

Vektorrückgrat und das Fragment *fgaPT2* detektierbar. Eine zusätzlich durchgeführte DNA-Sequenzanalyse ergab, dass die Insertion erfolgreich war und der Leserahmen eingehalten wurde. Das Plasmid pEK004 kodierte somit für das Profusionsprotein zum Autodisplay der Prenyltransferase FgaPT2.

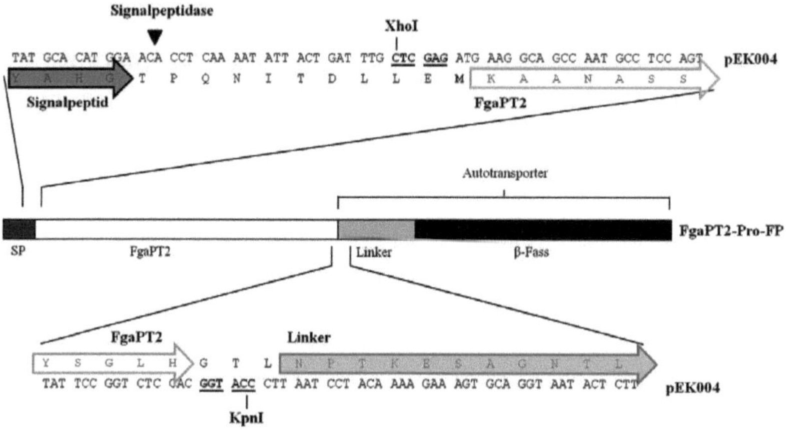

Abbildung 31: Schematischer Aufbau des Profusionsproteins zum Autodisplay der Prenyltransferase aus *Aspergillus fumigatus* (FgaPT2-ProFP).
Das Profusionsprotein besteht aus einem Signalpeptid (SP), dem Passagier (FgaPT2), einem Linker und dem β-Fass. Die Umgebung der Passagierinsertionsstelle ist als Nucleotid- und Aminosäuresequenz angegeben. Dabei ist pEK004 die Bezeichnung des Plasmids, dem die Nucleotidsequenz entstammt. Die Umgebung der Passagierinsertionsstelle ist als Nukleotid- und Aminosäuresequenz angegeben. Das für die FgaPT2 kodierende Gen wurde über die Schnittstellen der Restriktionsendonukleasen XhoI und KpnI in die Autotransportersequenz inseriert. Die Erkennungssequenzen der Restriktionsendonukleasen sind in der Nukleotidsequenz fett und unterstrichen dargestellt. Der N- und der C-Terminus der FgaPT2 sind mit dem weißen Pfeil über der Aminosäuresequenz gekennzeichnet. Ebenso sind der N-Terminus des Linkers mit einem hellgrauen Pfeil und der C-Terminus des Signalpeptids mit einem dunkelgrauen Pfeil unterlegt.

FgaPT2-Profusionsprotein bezeichnet das Prekursorprotein mit allen für den Transport notwendigen Domänen, Signalpeptid, Linker und β-Fass. Als FgaPT2-Fusionsprotein (FgaPT2-FP) wird im weiteren Text die prozessierte, außenmembranständige Form bezeichnet, von der das Signalpeptid abgetrennt wurde und die demnach nur aus der Autotransportereinheit, sprich dem Linker und dem β-Fass, sowie der FgaPT2 als Passagierdomäne besteht. Das FgaPT2-Profusionsprotein, sowie Ausschnitte aus der Nukleotid- und Aminosäuresequenz sind in Abbildung 31 schematisch dargestellt.

6.2.2 Expression und Oberflächenständigkeit der Prenyltransferase FgaPT2

Zur Überprüfung der Expression und Oberflächenständigkeit der FgaPT2 wurde das Plasmid pEK004 zunächst mittels Elektroporation in *E. coli* BL21(DE3) transformiert. Von den so erhaltenen Zellen wurden zwei Kulturen angelegt und bei 37 °C und

200 rpm kultiviert. Nach Erreichen einer OD_{578} von ~ 0,5 wurde in einer dieser beiden Kulturen durch Zugabe von 0,02 mM IPTG die Proteinexpression induziert. Beide Kulturen wurden eine weitere Stunde bei 30 °C und 200 rpm inkubiert und anschließend zentrifugiert. Die Sedimente wurden zur Präparation der Außenmembranproteine verwendet. Die Außenmembranproteine wurden mittels SDS-PAGE auf ihre Zusammensetzung hin untersucht. Da ein Antikörper gegen die FgaPT2 zur Verfügung stand, wurden die Außenmembranproteine zusätzlich durch Western Blot auf eine PVDF-Membran transferiert und mit Hilfe des Anti-FgaPT2-Antikörpers und eines Meerretich-Peroxidase-gekoppelten Sekundär-Antikörpers detektiert. Sowohl auf der SDS-PAGE, wie auch auf dem Western Blot war deutlich ein Protein mit einem apparenten Molekulargewicht von ≥100 kDa detektierbar (Abbildung 32, A und B, Spur 2). Dies stimmte gut mit dem für das FgaPT2-Fusionsprotein berechneten, molekularen Gewicht von 106,3 kDa überein. Die Expression des FgaPT2-Fusionsproteins konnte somit durch Zugabe von IPTG erfolgreich induziert werden.

Wie auch schon für die Expression des NOx-Fusionsproteins beobachtet, wurde auch das FgaPT2-Fusionsprotein bereits ohne die Zugabe von IPTG zu dem verwendeten Kulturmedium exprimiert. Das Proteinpräparat der Zellen, denen während der Kultivierung kein IPTG zugegeben worden war, zeigte auf der SDS-PAGE und auf dem Western Blot bereits eine schwach nachweisbare Bande mit einem Molekulargewicht von etwa ~ 100 kDa (Abbildung 32, A und B, Spur 1). Das Plasmid pEK004 beruht auf einem pET-Derivat, in welchem die Expression rekombinant eingefügter DNA unter der Kontrolle des T7-Promotors steht. Die in diesem System für die Transkription notwendige T7-RNA-Polymerase steht wiederum unter der Kontrolle des *lac*UV-Promotors. Dieser wird durch Zugabe von IPTG induziert. Der *lac*UV-Promotor weist häufig eine sogenannte „leakiness" auf (Studier 1991). Das bedeutet, die von ihm kontrollierten Gene werden bereits ohne Zugabe eines Induktors abgelesen. In diesem Fall wird somit T7-RNA-Polymerase gebildet und das für das FgaPT2-Profusionsprotein kodierende Gen wird abgelesen.

Die Orientierung des FgaPT2-Fusionsproteins in der Membran wurde durch einen Zugänglichkeitstest für Proteasen untersucht. Die hierfür verwendete Proteinase K ist zu groß um die äußere Membran von *E. coli* zu passieren. Nur wenn die Passagierdomäne wie erwartet in den Extrazellularraum zeigt, kann sie demnach von der zugegebenen Protease angegriffen werden. Dies zeigt sich in einer verringerten Menge des Fusionsproteins in der SDS-PAGE. Für den Zugänglichkeitstest wurde einer Suspension intakter Zellen, deren Proteinexpression zuvor durch IPTG-Zugabe und einstündiger Inkubation bei 30 °C induziert worden war, in Tris-HCl-Puffer (0,2 M, pH 8) Proteinase K zugegeben. Als Kontrolle wurden die gleichen Zellen nur mit Puffer versetzt. Aus beiden Proben wurden die Außenmembranproteine isoliert und diese mittels SDS-PAGE und Western Blot untersucht. In der verringerten Menge des Fusionsproteins zeigte sich, dass die Passagierdomäne des FgaPT2-Fusionsproteins für Proteinase K zugänglich war (Abbildung 32, A und B, Spur 3). Weil in diesem Proteinisolat die Menge des nativen *E. coli*-Außenmembranproteins OmpA unverändert blieb, galt der Protease-Zugänglichkeitstest als Nachweis der Oberflächenständigkeit. Die Unversehrtheit von OmpA gilt als Reporter für die Integrität der äußeren Membran, da es nicht von außen durch Proteasen angegriffen werden kann. Ein Angriff kann nur bei einer verminderten Zellintegrität von der periplasmatischen Seite her erfolgen. Die auf den ersten Blick leicht verringerte Nachweisbarkeit von OmpA in Spur drei rührt von einer marginal geringeren Gesamtproteinkonzentration in dieser Probe. So ist auch OmpF etwas geringer sichtbar als in Spur 2 (Abbildung 32).

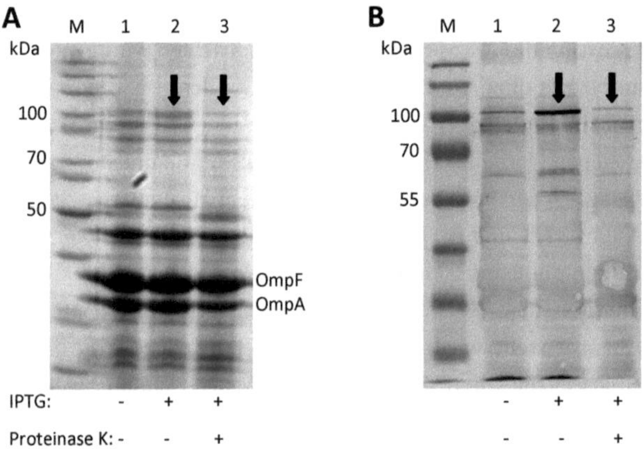

Abbildung 32: Expression und Oberflächenständigkeit der FgaPT2 auf *E. coli* BL21(DE3).
Isolate der Außenmembranproteine in der SDS-Polyacrylamidgelelektrophorese **[A]** und im Western Blot **[B]**. Die Proteinbande des Fusionsproteins aus FgaPT2 und der Translokationseinheit wurde mit Pfeilen markiert. IPTG: Die Genexpression wurde durch Zugabe von 1mM IPTG induziert. Proteinase K: Behandlung der ganzen Zellen mit Proteinase K. OmpF/A: Die natürlichen *E. coli*-Außenmembranproteine OmpF bzw. OmpA. M: Proteingrößenstandard; Spuren 1-3: *E. coli* BL21 (DE3)pEK004.

6.2.3 Aktivitätsbestimmung des FgaPT2-Ganzzellbiokatalysators

6.2.3.1 Umsetzung von Indol-3-propionsäure und L-β-Homotryptophan

Für die Aktivitätsuntersuchung wurden die FgaPT2-präsentierenden Zellen *E. coli* BL21(DE3) pEK004 sowie der Wirtsstamm *E. coli* BL21(DE3), der als Kontrolle eingesetzt wurde, in LB-Medium kultiviert. Bei einer OD_{578} von 0,5 wurde in den FgaPT2-präsentierenden Zellen durch Zugabe von 1 mM IPTG die Proteinexpression induziert. Alle Kulturen wurden weitere vier Stunden bei 30 °C und 200 rpm inkubiert Diese Inkubationsbedingungen hatten sich nach zahlreichen Vorversuchen als optimal für die Aktivität des Ganzzellbiokatalysators herausgestellt. Danach wurden die Zellen durch Zentrifugation sedimentiert und durch zweimaliges Waschen und Resuspendieren in Tris-HCl-Puffer für die Aktivitätsuntersuchung vorbereitet. Für die Aktivitätsuntersuchung wurden sie in einer OD_{578} von 40 eingesetzt. Das aufgereinigte Enzym His_8-FgaPT2 wurde als Positivkontrolle eingesetzt. Als Substrat wurde Indol-3-propionsäure in einer Gesamtkonzentration von 1 mM verwendet. Der aktivierte Prenylrest, sprich das Cosubstrat wurde in Form von Dimethylallylpyrophosphat (DMAPP; 10 mM) zugegeben. Die Reaktionsansätze wurden 24 Stunden inkubiert. Nach der Inkubation wurde der Überstand durch Zentrifugation abgetrennt und aufbereitet. Die Bildung des prenylierten Produktes, 4-Dimethylallylindol-3-propionsäure durch den FgaPT2-Ganzzellbiokatalysator wurde mittels HPLC untersucht. Dabei stellte sich heraus, dass das Substrat von den zur Kontrolle eingesetzten Wirtszellen nicht umgesetzt wurde (Abbildung 33 A). Nach Induktion der Proteinexpression durch Zugabe von IPTG war durch den FgaPT2-Ganzzellbiokatalysator eine Umsetzung der eingesetzten Indol-3-propionsäure erfolgt (Abbildung 33 C). Die Retentionszeit des detektierten Produktes glich der des Produktes, welches nach Umsetzung von Indol-3-propionsäure mit dem aufgereinigten Enzym entstand (Abbildung 33 D). Dies gab einen ersten Hinweis darauf, dass auch durch den FgaPT2-Ganzzellbiokatalysator eine Prenylierung erfolgt ist und es sich bei dem entstandenen Produkt um 4-Dimethylallylindol-3-propionsäure handelt.

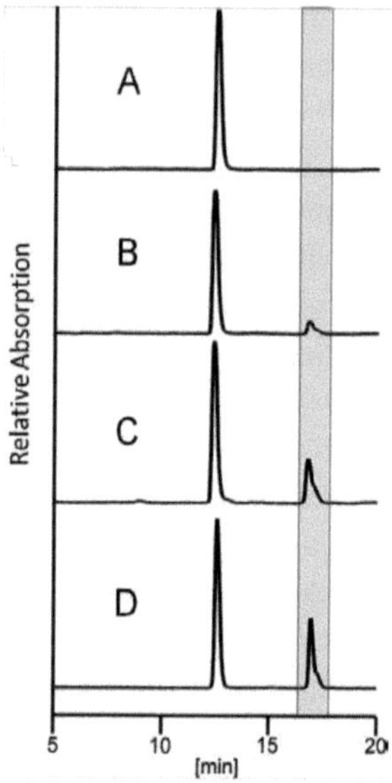

Abbildung 33: Bestimmung der Prenyltransferase-Aktivität des Ganzzellbiokatalysators.
Dargestellt sind HPLC-Chromatogramme der Aktivitätsbestimmung mit Indol-3-propionsäure als Substrat. Im Test eingesetzt wurden die Wirtszellen *E. coli* BL21(DE3) als Kontrolle **[A]**, der FgaPT2-Ganzzellbiokatalysator (*E. coli* BL21(DE3)pEK004) vor **[B]** und nach Induktion der Proteinexpression **[C]**. Als Positivkontrolle diente die aufgereinigte Prenyltransferase His$_8$-FgaPT2 **[D]**.

Jedoch war bereits in der Probe, die den FgaPT2-Ganzzellbiokatalysator enthielt, dem während der Kultivierung kein IPTG zugegeben worden war, eine Umsetzung von Indol-3-propionsäure detektierbar (Abbildung 33 B). Trotz nicht induzierter Expression des FgaPT2-Fusionsproteins zeigte der FgaPT2-Ganzzellbiokatalysator somit Prenyltransferase-Aktivität. Dies lässt sich auf die sogenannte, bereits für den NOx-Ganzzellbiokatalysator beschriebene „leakiness" des *lac*UV-Promotors zurückführen. Durch den FgaPT2-Ganzzellbiokatalysator wurden nach Induktion der Proteinexpression 254 µM des prenylierten Produktes 4-DMA-Indol-3-propionsäureproduziert. Das entspricht einer Umsetzungsrate von etwa 25 % des eingesetzten Substrates. FgaPT2-Ganzzellbiokatalysatoren setzten ohne vorherige Induktion der Proteinexpression mit 100 µM 10 % der eingesetzten Indol-3-propionsäure um (Abbildung 34, schwarze Balken).

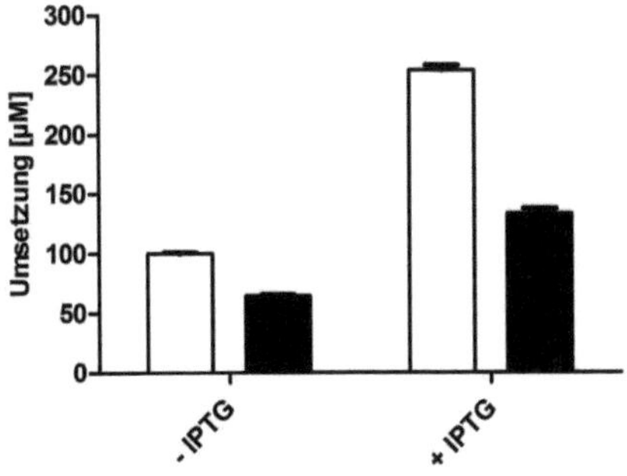

Abbildung 34: Prenyltransferaseaktivität des Ganzzellbiokatalysators *E. coli* BL21(DE3)pEK004 nach 24-stündiger Umsetzungsreaktion.
Die Prenylierung von Indol-3-propionsäure (weiße Balken) und L-β-Homotryptophan (schwarze Balken) durch Zellen vor und nach der Zugabe von IPTG wurde untersucht. Die Bestimmung der Endprodukte erfolgte mittels HPLC nach Entfernen der Zellen aus dem Reaktionsüberstand.

Die Untersuchung der Prenyltransferaseaktivität des FgaPT2-Ganzzellbiokatalysators wurde ebenfalls mit L-β-Homotryptophan als Substrat durchgeführt. Dieses wurde durch den FgaPT2-Ganzzellbiokatalysator zu einem geringeren Anteil umgesetzt als Indol-3-propionsäure. Wie in Abbildung 34 zu erkennen ist, wurden nach Induktion der Proteinexpression etwa 130 µM des Tryptophanderivates umgesetzt (schwarze Balken). Das entspricht einer Umsetzungsrate von 13 %. Vor der Induktion belief sich die Umsetzungsrate auf ca. 6,5 %. Indol-3-propionsäure (weiße Balken) wurde als Substrat offenbar besser akzeptiert als L-β-Homotryptophan. Mit dem aufgereinigten Enzym His_8-FgaPT2 betrug die Umsetzung von Indol-3-propionsäure unter den gleichen Reaktionsbedingungen 34 % des eingesetzten Substrates.

6.2.3.2 Regioselektivität der Reaktion des FgaPT2-Ganzzellbiokatalysators

Es konnte bereits gezeigt werden, dass die aufgereinigte FgaPT2 die Prenylierung der Indolderivate regioselektiv am C 4 des Indolringes katalysiert (Unsöld und Li 2005; Steffan *et al.* 2007). Die Umwandlung von Indol-3-propionsäure bzw. L-β-Homotryptophan und des Cosubstrates DMAPP in die prenylierten Produkte ist in Abbildung 35 schematisch dargestellt.

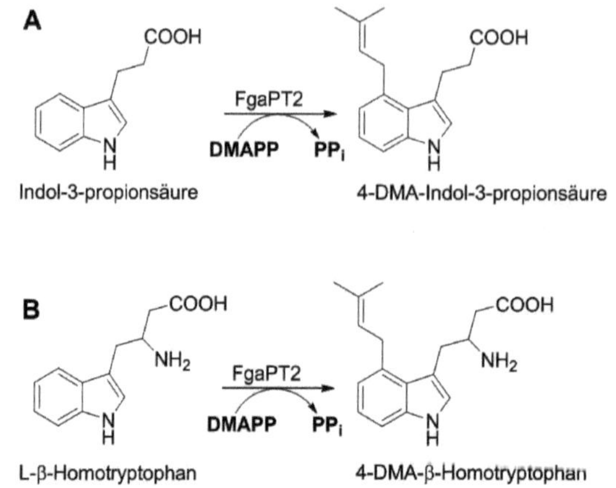

Abbildung 35: Die von der Prenyltransferase FgaPT2 katalysierte Reaktion.
Hier dargestellt ist die Prenylierung der Substrate Indol-3-propionsäure [A] und L-β-Homotryptophan [B] an Position 4 durch die FgaPT2 unter Beteiligung des Cosubstrates Dimethylallylpyrophosphat.

Um zu untersuchen, ob die Prenylierung durch den FgaPT2-Ganzzellbiokatalysator *E. coli* BL21(DE3) pEK004 auch regioselektiv am C 4 des Indolsystems abläuft, wurden die enzymatischen Produkte aus dem Reaktionsüberstand zusätzlich mittels LC-MS analysiert. Das erhaltene Fragmentmuster (Tabelle 10) stimmte sehr gut mit den bereits für die aufgereinigte FgaPT2 ermittelten Daten überein (Steffan *et al.* 2007).

Tabelle 10: Massenspektrometrische Daten für die C 4-prenylierten Produkte des Ganzzellbiokatalysators

	M_r	$[M+1]^+$	$[2M+1]^+$	ms^2 $[M+1]^+$	$[M-1]^-$	$[2M-1]^-$	$ms^2[M-1]^-$
4-DMA-Indol-3-propionsäure	257.14	-	-	-	256.3	513.8	256.0 (100), 212.1 (9), 210.2 (4), 184.1 (49)
4-DMA-ß-Homotryptophan	286.17	287.2	573.1	270.1 (23), 252.2 (6), 231.1 (11), 219.1 (4), 214.1 (100), 210.2 (16), 200.2 (15)	285.5	571.4	285.1 (100), 241.2 (4), 225.2 (6), 224.2 (19)

Es wurden auch Aktivitätsuntersuchungen mit dem nativen Substrat der FgaPT2, Tryptophan, durchgeführt. Dieses wurde jedoch bereits von den als Kontrolle eingesetzten Wirtszellen *E. coli* BL21(DE3) und *E. coli* UT5600(DE3) zu einem nicht näher charakterisierten Indolderivat verstoffwechselt. Bei diesem Derivat handelte es sich jedoch nicht um 4-Dimethylallyltryptophan (mündliche Kommunikation von N. Steffan). Diese nicht weiter aufgeklärte Reaktion lief jedoch sehr viel schneller ab als die Umsetzung des Tryptophans durch das oberflächenständige FgaPT2-Fusionsprotein. Vor diesem Hintergrund war eine Aktivitätsbestimmung des FgaPT2-Fusionsproteins mit Tryptophan als Substrat nicht möglich. Demnach wurden alle weiteren Aktivitätsuntersuchungen und Optimierungsversuche mit den oben beschriebenen Indolderivaten durchgeführt.

6.2.3.3 Optimierung der Umsetzung

Zur Optimierung der Aktivität des Ganzzellbiokatalysators wurden während der Aktivitätsuntersuchung die Temperatur und die Konzentration des Cosubstrates DMAPP variiert. Zudem wurde untersucht, ob die Zugabe von 5mM Calciumchlorid zum Reaktionspuffer einen Einfluss auf die Aktivität des FgaPT2-Ganzzellbiokatalysators hatte. Die Zugabe zweiwertiger Kationen wie Ca^{2+} oder Mg^{2+} zu Reaktionsansätzen mit aufgereinigter FgaPT2 brachte eine zweifache Erhöhung der Aktivität mit sich, auch wenn die Prenyltransferase FgaPT2 nicht von der Anwesenheit zweiwertiger Kationen abhängig ist (Unsöld und Li 2005). Für die Untersuchung wurde eine Kultur des FgaPT2-Ganzzellbiokatalysators in LB-Medium angesetzt. Nach Erreichen einer OD_{578} von ~ 0,5 wurde durch Zugabe von 1 mM IPTG die Proteinexpression induziert. Anschließend wurde die Kultur weitere vier Stunden bei 30 °C und 200 rpm inkubiert. Daran anschließend wurden die Zellen durch Waschen und Resuspendieren in Tris-HCl-Puffer für die Aktivitätsbestimmung vorbereitet. Zur Untersuchung der Prenyltransferase-Aktivität wurden die Zellen in einer OD_{578} von 40 in Tris-HCl-Puffer eingesetzt. Als Substrat wurde Indol-3-propionsäure in der üblichen Konzentration von 1 mM eingesetzt. Es wurden Proben mit verschiedenen Konzentrationen an DMAPP-Cosubstrat vorbereitet (1, 5 und 10 mM) und diese wiederum bei verschiedenen Temperaturen inkubiert.

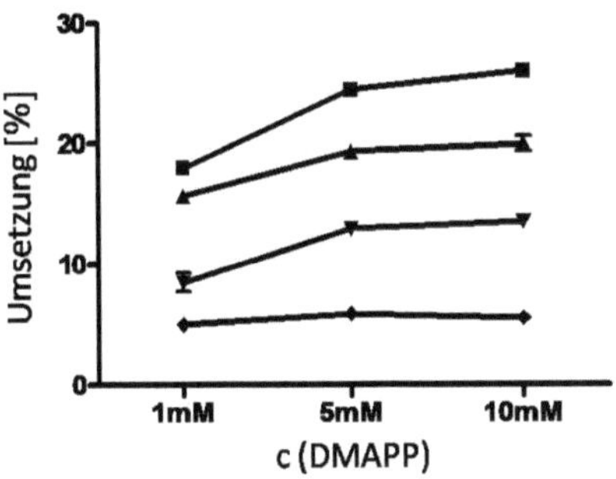

Abbildung 36: FgaPT2-Aktivität des Ganzzellbiokatalysators bei verschiedenen Temperaturen und unter Zugabe verschiedener Konzentrationen an DMAPP.
Gezeigt ist die Umsetzungsrate des Substrates Indol-3-propionsäure bei 20°C [■], 25°C [▲], 30°C [▼] und 35°C [◆]. Die Bestimmung der Endproduktkonzentration wurde mittels HPLC durchgeführt. Dargestellt sind Mittelwerte ± Standardabweichung, n= 3.

Dieser Versuch wurde einmal mit Zugabe von 5 mM Calciumchlorid durchgeführt und einmal ohne eine entsprechende Zugabe. Dabei zeigte sich, dass die Zugabe von

Calciumionen keinen Effekt auf die FgaPT2-Aktivität des FgaPT2-Ganzzellbiokatalysators hatte. Dargestellt sind deshalb die Ergebnisse des Versuchs, in dem auf die Calciumzugabe verzichtet worden war.

In Abbildung 36 wird ersichtlich, dass die Umsetzung des Substrats Indol-3-Propionsäure durch den FgaPT2-Ganzzellbiokatalysator bei 20 °C am höchsten ist. Wurde zusätzlich die Konzentration des Cosubstrates von 1 mM auf 5 mM bzw. 10 mM gesteigert, ließ sich eine weitere Verbesserung der Umsetzung von knapp 20 % auf fast 30 % erreichen. Eine Temperatur von 35 °C während der Umsetzungsreaktion ergab im Vergleich dazu lediglich eine Umsetzung von weniger als zehn Prozent. Da bei einer so geringen Umsetzungsrate die Konzentration an Cosubstrat offenbar nicht der limitierende Faktor bezüglich der Reaktionsgeschwindigkeit war, brachte eine Steigerung der Konzentration unter diesen Bedingungen keine Aktivitätssteigerung mit sich. In den Untersuchungen bei 25 °C und 30 °C zeigte sich der Effekt der gesteigerten Umsetzung durch eine erhöhte Konzentration an Cosubstrat nur in dem Bereich zwischen 1 und 5 mM. Die Aktivität des FgaPT2-Ganzzellbiokatalysators war bei diesen Temperaturen nicht so hoch wie bei 20 °C, so dass nicht mehr als 5 mM DMAPP benötigt wurde um die Reaktion über den beobachteten Zeitraum von 24 h aufrecht zu erhalten. Unter den gewählten Bedingungen stellte sich somit eine Inkubation bei 20 °C unter Zugabe von 10 mM DMAPP als optimal heraus.

6.2.3.4 Untersuchung zu Wiederverwendbarkeitsmöglichkeiten

Unter den nunmehr optimierten Temperaturbedingungen sollte die Wiederverwendbarkeit des FgaPT2-Ganzzellbiokatalysators untersucht werden. Dazu wurde die Aktivität des Ganzzellbiokatalysators in drei Reaktionszyklen untersucht. Für diesen Test wurde eine Kultur des FgaPT2-Ganzzellbiokatalysators in LB-Medium bis zu einer OD_{578} von 0,5 kultiviert. Durch Zugabe von 1 mM IPTG wurde die Proteinexpression induziert und die Kultur wurde weitere vier Stunden bei 30 °C und 200 rpm inkubiert. Anschließend wurde die Kultur in Tris-HCl-Puffer gewaschen, suspendiert und in einer OD_{578} in diesem Puffer für die Untersuchung eingesetzt. Die Umsetzungsreaktionen verliefen unter Zusatz von 1 mM Indol-3-propionsäure bzw. L-β-Homotryptophan als Substrat bei 20 °C und für jeweils 24 h. Aus Kostengründen wurde jedem Reaktionsansatz statt 5-10 mM nur 1 mM des Cosubstrates DMAPP hinzugegeben. Nach Ablauf der ersten Umsetzungsreaktion wurde der FgaPT2-Ganzzellbiokatalysator durch Zentrifugation zurückgewonnen und erneut im zuvor eingesetzten Puffervolumen resuspendiert. Substrat und Cosubstrat wurden zugefügt und die Reaktion somit für weitere 24 h gestartet. Dieser Ablauf wurde noch ein weiteres Mal wiederholt, so dass die gesamte Untersuchung über den Zeitraum von drei Tagen verlief.

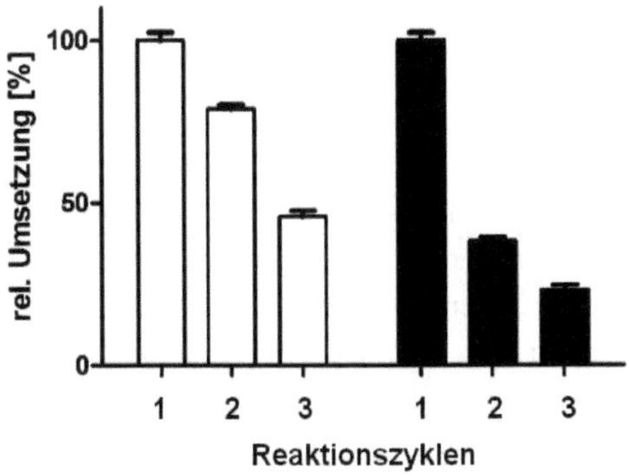

Abbildung 37: Untersuchung der Wiederverwendbarkeit des Ganzzellbiokatalysators in 3 zyklisch wiederholten Aktivitätstests.
Die Umsetzung von Indol-3-propionsäure (weiße Balken) und L-β-Homotryptophan (schwarze Balken) durch den FgaPT2-Ganzzellbiokatalysator (*E. coli* BL21(DE3)pEK004) wurde in drei Reaktionszyklen untersucht. Die Umsetzung wurde nach jeweils 24 h Inkubation in Dreifachbestimmung mittels HPLC ermittelt. 1d, 2d und 3d steht somit für die Zeitpunkte der Messungen in Tagen. Dargestellt ist die relative Umsetzungsrate, wobei die Umsetzung während der ersten Reaktion zu 100% gesetzt wurde.

Die Dreifachbestimmung der Umsetzungsrate wurde mittels HPLC aus den aufbereiteten Reaktionsüberständen durchgeführt. Für eine besser überschaubare Darstellung wurde die erfolgte Substratumsetzung im ersten Versuch als 100 % angegeben und die folgenden Umsetzungen mit dem zurückgewonnenen FgaPT2-Ganzzellbiokatalysator daran normiert. Wie in Abbildung 37 zu erkennen ist, konnte mit Indol-3-propionsäure als Substrat (weiße Balken) in der ersten Wiederholung eine Umsetzungsrate von knapp 80 % und in der letzten Wiederholung eine Umsetzungsrate von knapp 50 % des Anfangswertes detektiert werden. Wurde L-β-Homotryptophan als Substrat eingesetzt, war in der ersten Wiederholung eine Umsetzungsrate von etwa 40 % und in der zweiten Wiederholung von etwa 20 % verglichen mit dem Anfangswert detektierbar.

6.2.3.5 Untersuchungen zu Stabilität und Lagerungsfähigkeit

Um die Lagerungsfähigkeit des FgaPT2-Ganzzellbiokatalysators zu untersuchen, wurden Zellen (*E. coli* BL21(DE3) pEK004), wie für die Untersuchung der Wiederverwendbarkeit beschrieben, kultiviert, die Proteinexpression induziert und die Zellen nach der vierstündigen Inkubationszeit für die Untersuchung aufbereitet. Die Suspension frisch vorbereiteter Zellen wurde in einer OD_{578} von 40 für die Umsetzungsreaktion eingesetzt. Diese wurde bei 20 °C und unter Zugabe von 1 mM Indol-3-propionsäure und 10 mM des Cosubstrates DMAPP über 24 h durchgeführt. Die nicht verwendeten Zellen wurden in der Suspension in Tris-HCl-Puffer (50 mM, pH 7,5) mit einer OD_{578} von 50 für einen Monat bei 4 °C gelagert. Nach der Lagerung wurden Zellen entnommen und wie für die ungelagerten Zellen beschrieben in einer OD_{578} von 40 für die Umsetzungsreaktion mit Indol-3-propionsäure als Substrat eingesetzt.

Dabei zeigte der FgaPT2-Ganzzellbiokatalysator vor und nach der Lagerung mit etwa 25 % vergleichbare Umsetzungsraten. Es wurden nur Zellen untersucht, deren Proteinexpression durch Zugabe von IPTG induziert worden war. Zudem wurde noch die Lebendzellzahl in ungelagerten und gelagerten Proben bestimmt. Obwohl durch die Lagerung kein Aktivitätsverlust hervorgerufen wurde, unterschied sich die Lebendzellzahl in der gelagerten Probe mit ~ 4 x10^5 Zellen/100 µL um das Zehnfache von der der ungelagerten Probe mit ~ 4 x10^6 Zellen/100 µL.

6.2.3.6 Effizienz des FgaPT2-Ganzzellbiokatalysators

Die Effizienz des FgaPT2-Ganzzellbiokatalysators wurde ermittelt, indem die Anzahl der Enzymmoleküle in einem Reaktionsansatz mit FgaPT2-Ganzzellbiokatalysator mit der in einem Reaktionsansatz mit aufgereinigtem Enzym verglichen wurde.

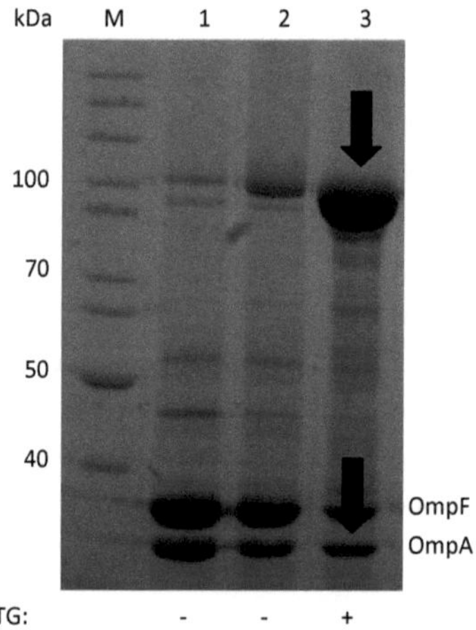

Abbildung 38: Isolate der Außenmembranproteine von FgaPT2-Ganzzellbiokatalysatoren, die für die Bestimmung der Anzahl an FgaPT2-FP pro Zelle verwendet wurden.
Diese SDS-PAGE-Abbildung wurde für einen Intensitätsvergleich der Banden von OmpA und dem FgaPT2-FP (angezeigt durch die Pfeile) mittels GelPro-Analyzer Software verwendet. IPTG: Die mit + gekennzeichnete Spur enthält eine Probe in der die Proteinexpression durch Zugabe von IPTG induziert worden war. M: Proteingrößenstandard, Spur 1: Außenmembranproteine von *E. coli* BL21(DE3), Spuren2-3: Außenmembranproteine des FgaPT2-Ganzzellbiokatalysators, *E. coli* BL21(DE3) pEK004.

Um die tatsächliche Anzahl an FgaPT2-Fusionsproteinen, die auf der Oberfläche einer einzelnen Zelle exprimiert wurden, bestimmen zu können, waren zunächst die Außenmembranproteine von Zellen, die für die Aktivitätsbestimmung vorbereitet worden waren, isoliert und mittels SDS-PAGE aufgetrennt worden

Abbildung 38). Mit Hilfe der Software GelPro Analyzer (Media Cybernetics, Bethesda USA) wurden die integrierten optischen Dichten, sprich die Intensitäten der Banden von OmpA und des FgaPT2-Fusionsproteins miteinander verglichen. Dieser Intensitätsvergleich erlaubte eine Aussage über die Anzahl an exprimiertem Fusionsprotein. Für das *E. coli*-Außenmembranprotein OmpA (35 kDa) ist bekannt, dass etwa 10^5 Moleküle pro Zelle exprimiert werden (Koebnik *et al.* 2000). Die Intensität der Bande des Fusionsproteins war drei Mal so stark wie die für OmpA ermittelte Intensität. Berücksichtigend, dass das Fusionsprotein mit 106 kDa die dreifache Größe von OmpA (35 kDa) aufwies, musste die Anzahl an Fusionsprotein pro Zelle etwa genauso groß sein, wie die Anzahl an OmpA. Diese belief sich somit auf ebenfalls $\sim 10^5$ Moleküle pro Zelle. Da die Lebendzellzahl des FgaPT2-Ganzzellbiokatalysators ebenfalls bestimmt worden war, konnte die Anzahl an Enzymen in einem Reaktionsansatz mit FgaPT2-Ganzzellbiokatalysator somit bestimmt werden. Die Anzahl der eingesetzten Moleküle aufgereinigten Enzyms in einem Reaktionsansatz der Positivkontrolle war mit 6×10^{12} ebenfalls bekannt, so dass ein direkter Vergleich der Effizienz des Ganzzellbiokatalysators gegenüber dem aufgereinigten Enzym möglich war. Berücksichtigend, dass das FgaPT2-Fusionsprotein auf der Zelloberfläche noch Dimere ausbilden musste, befanden sich maximal 2×10^{11} funktionelle Dimere von FgaPT2-FP in einem Reaktionsansatz mit frisch präpariertem FgaPT2-Ganzzellbiokatalysator. Obwohl in den Ansätzen mit dem FgaPT2-Ganzzellbiokatalysator somit um den Faktor 30 weniger Enzymmoleküle vorhanden waren, als in den Ansätzen, die aufgereinigtes Enzym, His_8-FgaPT2 enthielten, konnten unter optimierten Bedingungen reproduzierbar ca. 25 % Indol-3-propionsäure umgesetzt werden. Durch das aufgereinigte Enzym konnten unter den gleichen Reaktionsbedingungen, die für den FgaPT2-Ganzzellbiokatalysator angewendet wurden, 34 % Indol-3-propionsäure umgesetzt werden. Hierbei belief sich die Dauer der Umsetzungsreaktion auf 24 h. Für das aufgereinigte Enzym konnte aber gezeigt werden, dass während einer Reaktionsdauer von nur einer Stunde ebenfalls bereits 32 % Indol-3-propionsäure umgesetzt werden (Steffan *et al.* 2007). Dies lässt darauf schließen, dass das aufgereinigte Enzym während der 24-stündigen Umsetzungsreaktion in den Reaktionsansätzen nicht stabil bleibt und so an Aktivität verliert. Durch die Immobilisierung des FgaPT2-Fusionsproteins durch Autodisplay konnte demnach die Stabilität der Prenyltransferase FgaPT2 verbessert werden.

7 Diskussion

Der biotechnologische Einsatz von Enzymen als Biokatalysatoren ist nach wie vor von wachsendem Interesse. Der Bedarf an enantiomerenreinen Feinchemikalien wächst (Breuer *et al.* 2004) und die Nachhaltigkeit und Wirtschaftlichkeit entsprechender Produktionsprozesse entscheiden nicht zuletzt über ihre Anwendung. Biokatalytische Prozesse müssen sich daher an den entsprechenden, konventionell chemisch durchgeführten Synthesen messen lassen. Nur wenn der Einsatz eines biokatalytischen Syntheseschrittes durch eine höhere Selektivität und geringere Produktionskosten wirtschaftlicher ist, wird er dem klassischen Schritt gegenüber bevorzugt (Hilterhaus und Liese 2006). Die einfache und schnelle Verfügbarkeit eines Biokatalysators sowie seine ausreichende Stabilität sind dabei essentiell für seine Effizienz. Um dies zu gewährleisten werden häufig immobilisierte Enzyme oder Ganzzellbiokatalysatoren eingesetzt. Die Immobilisierung sorgt für eine verbesserte Stabilität, dennoch bleiben hierbei die Gewinnung und Aufreinigung des Enzyms, sowie seine Einbettung in eine Matrix aufwendig und kostenintensiv. Ganzzellbiokatalysatoren bieten den Vorteil der Selbstreplikation und sind somit einfach zu erhalten. Ihr Einsatz bleibt jedoch auf membrangängige Substrate beschränkt, die nicht mit dem zelleigenen Stoffwechsel interferieren dürfen. Im Rahmen dieser Arbeit konnten mit Autodisplay Ganzzellbiokatalysatoren entwickelt werden, die durch die Präsentation von Enzymen auf der Zelloberfläche von *Escherichia coli* die Vorteile von Enzymimmobilisierung und Ganzzellbiokatalysatoren in sich vereinten.

7.1 Autodisplay der NOx

Die NOx aus *L. brevis* konnte mittels Autodisplay auf den *E. coli*-Stämmen UT5600(DE3) und BL21(DE3) exprimiert werden. Anhand des proteolytischen Abbaus des NOx-Passagiers durch zugegebene Proteasen konnte die Orientierung der NOx zum Extrazellularraum belegt werden. Die ermittelte NADH-Oxidase-Aktivität von NOx-tragenden „resting cells" zeigte, dass sich die als Monomere exprimierten Enzyme auf der Zelloberfläche zu funktionellen Tetrameren zusammenlagern. Bislang ist nicht beschrieben, ob auch schon Monomere der NOx Aktivität zeigen, es ist jedoch möglich, dass die NOx aus *L. brevis* als funktionelles Dimer vorliegt (persönliche Kommunikation von K. Niefind, 2010). So konnte aber, wie auch schon für das Autodisplay dimeren Adrenodoxins (Jose *et al.* 2001) und einer dimeren Sorbitdehydrogenase (Jose und von Schwichow 2004), sowie von einer heterotetrameren CK2 (Gratz 2010) und einer oligomeren Nitrilase (Detzel *et al.* 2010) ein weiteres Mal die Fähigkeit der β-Fass-Domänen, sich in der äußeren

Membran zu bewegen und so die Untereinheiten für die Zusammenlagerung zueinander zu bringen, unter Beweis gestellt werden. Der Nachweis der NADH-Oxidase-Aktivität belegt zudem, dass eine Inkorporierung des FAD-Cofaktors stattgefunden haben muss, da dieser als Elektronenüberträger unerlässlich für die Oxidase-Aktivität der NOx ist.

Durch Autodisplay der NOx konnte zum ersten Mal eine auf der Oberfläche von *E. coli* exprimierte NADH-Oxidase im kombinierten Einsatz mit einer Dehydrogenase erfolgreich für die Regenerierung von NAD^+ eingesetzt werden. Bislang sind überhaupt nur wenige Möglichkeiten zur Regenerierung der oxidierten Form der Pyridinnukleotid-Cofaktoren, NAD^+, erschlossen. Die Verwendung von NADH-Oxidasen gilt schon länger als vielversprechende Möglichkeit, diesen Engpass zu umgehen. Auch die aufgereinigte NOx aus *L. brevis* ist bereits zur Cofaktorregenerierung in Kombination mit einer Leucin-Dehydrogenase zur Produktion von D-tert-Leucin eingesetzt worden. Bislang scheiterte die Umsetzung aber oftmals an der geringen Stabilität bzw. an der Oxidationsempfindlichkeit der aufgereinigten NADH-Oxidasen (Van Der Donk und Zhao 2003). Eine Möglichkeit zur Stabilisierung von Enzymen stellt deren Immobilisierung an größere Trägerpartikel oder Membranen mit Hilfe verschiedener Methoden dar (Hanefeld *et al.* 2009). Durch Immobilisierung stabilisierte NOx ist bislang hauptsächlich zur Erzeugung von Biosensoren, nicht aber zur Cofaktorregenerierung in einem biokatalytischen Ansatz verwendet worden. So konnten Leca und Marty (1997a, b) durch Coimmobilisierung einer NOx mit einer Alkoholdehydrogenase und NAD^+ im sogenannten „Entrapment" einen Biosensor zur Bestimmung von Alkoholkonzentrationen in alkoholischen Getränken entwickeln. Auf die gleiche Weise wurde ein Biosensor durch „Entrapment" einer NOx, einer Lactatdehydrogenase und NAD^+ zur Milchsäurebestimmung in Milchprodukten entwickelt (Montagne und Marty 1995). „Entrapment" bedeutet, dass das oder die Zielenzyme und ggf. weitere Cofaktoren, wie in diesem Fall das NAD^+ in eine Polymermatrix eingebettet und so immobilisiert werden (Hartmeier 1985; Sheldon 2007). Erst in einer neueren Arbeit von Wang *et al.* (2010) konnte die Immobilisierung einer NOx aus *Bacillus cereus* auf Nanopartikeln für einen möglichen Einsatz zur Cofaktorregenerierung gezeigt werden. Das so immobilisierte Enzym zeichnete sich durch eine gegenüber dem frei vorliegenden Enzym stark verbesserte Temperaturstabilität und Lagerfähigkeit aus. In der Untersuchung der Wiederverwendbarkeit dieser immobilisierten NOx zeigte sich nach 10 Zyklen noch eine Aktivität von 70 % verglichen mit dem Anfangswert.

Durch Autodisplay exprimierte Proteine oder Enzyme sind in der äußeren Membran von *E. coli* verankert und können als immobilisiert angesehen werden (Jose 2006). Es ist deshalb möglich, diese beiden Applikationen einer NOx miteinander zu vergleichen. Bezüglich der Wiederverwendbarkeit ist die Art der Immobilisierung auf Nanopartikeln dem in dieser Arbeit vorgestellten NOx-Ganzzellbiokatalysator überlegen. Dieser zeigte nach nur fünf wiederholten Zyklen noch eine Aktivität von 50 % verglichen mit dem Anfangswert. Durch eine modifizierte Durchführung der Untersuchung zur Wiederverwendbarkeit lassen sich aber sicherlich noch bessere Aktivitätswerte ermitteln. So ist ein während der Untersuchung auftretender Verlust an Zellen nicht ausgeglichen worden und durch die Handhabung der Zellen mit mehreren aufeinanderfolgenden Zentrifugations- und Resuspendierungsschritten ist es möglich, dass ein Teil der oberflächenständigen Enzyme geschädigt wurde.

Die Lagerfähigkeit der auf Nanopartikeln immobilisierten NOx wurde unter anderen Bedingungen untersucht als sie für den NOx-Ganzzellbiokatalysator gewählt worden waren. Die Stabilitäten der beiden Systeme bezüglich der Lagerung sind demnach nicht direkt miteinander vergleichbar. Im Gegensatz zu den NOx-Ganzzellbiokatalysatoren überstehen die Nanopartikel als Träger eine Lagerung womöglich besser als *E. coli*-Zellen. So konnten die NOx-Nanopartikel bei 4 °C einen Monat lang ohne Aktivitätsverlust des Enzyms gelagert werden (Wang *et al.* 2010). Für den NOx-Ganzzellbiokatalysator wurde bei einer Lagerung bei 8 °C bereits innerhalb einer Woche ein Verlust der Zellintegrität festgestellt und es konnten keine Aussagen darüber getroffen werden, ob das oberflächenständige Enzym diese Art der Lagerung überdauert hatte. Eine Lagerung der NOx-Ganzzellbiokatalysatoren bei -20 °C und -70 °C war aber ohne Verlust der Zellintegrität oder der NADH-Oxidase-Aktivität möglich. Die Lagerfähigkeit der auf Nanopartikeln immobilisierten NOx ist bei diesen Temperaturen nicht untersucht worden.

Ähnlich wie auch für den NOx-Ganzzellbiokatalysator in dieser Arbeit gezeigt, zeichnete sich das auf den Nanopartikeln immobilisierte Enzym durch eine verbesserte Oxidationsstabilität aus. Ein Zusatz von reduzierendem Dithiothreitol (DTT) zeigte keinerlei Effekt. Fraglich bleibt allerdings, ob dieser Zusatz von DTT überhaupt notwendig war, denn bislang ist nichts über die Struktur der NOx aus *B. cereus* veröffentlicht. Ob sich auch in dieser NOx der oxidationsempfindliche Cysteinrest als weiterer Redoxpartner neben FAD im aktiven Zentrum befindet, ist demnach nicht bekannt. Auch Man und Young (2004), die in ihrer Veröffentlichung die enzymatischen Eigenschaften dieser NOx beschreiben, machen zu Struktur und Reaktionsmechanismus keine Angaben. Demnach bleibt auch fraglich, ob während der durch diese NOx katalysierten Oxidation von NADH Wasser oder der unerwünschte Wasserstoffperoxid als Nebenprodukt entstehen. Zu einem kombinierten Einsatz der auf Nanopartikeln immobilisierten NOx mit einer Dehydrogenase und einer damit tatsächlichen, erfolgreichen Applikation zur Cofaktorregenerierung liegen zum jetzigen Zeitpunkt ebenfalls noch keine Daten vor

(Wang *et al.* 2010). Mit der NOx aus *Lactobacillus brevis* zur Entwicklung des NOx-Ganzzellbiokatalysators wurde hingegen ein Enzym ausgewählt, das während der NADH-Oxidation Wasser anstelle von Wasserstoffperoxid freisetzt. So wurden weder das Enzym noch die Zellen durch das, in diesem Fall unschädliche, Nebenprodukt geschädigt oder in ihrer Funktion beeinträchtigt. Dadurch war es möglich, den NOx-Ganzzellbiokatalysator in Kombination mit einer Dehydrogenase auf seine Fähigkeit für einen Einsatz zur Cofaktorregenerierung zu untersuchen und diese erfolgreich zu bestätigen. Eine Immobilisierung des Enzyms auf der Oberfläche von Zellen bietet zudem den Vorteil, dass die Enzyme durch einfaches Kultivieren der Zellen und die Induktion der Proteinexpression direkt immobilisiert zur Verfügung stehen. Eine aufwendige Aufreinigung des Enzyms und eine ebenso aufwendige und womöglich für das Enzym schädliche Immobilisierung an Partikel, auf Oberflächen oder in Matrices erübrigen sich. Durch die stabile Verankerung in der äußeren Membran von *E. coli* kann zudem das sogenannte „enzyme leaching", also ein Verlust an Enzymen aus der Immobilisierung, umgangen werden. „Enzyme leaching" stellt ein großes Problem in der Applikation immobilisierter Enzyme dar (Manyar *et al.* 2008). Die Orientierung der Enzyme auf *E. coli* in den Extrazellularraum macht diese zudem frei zugänglich für ihr Substrat. Eine verhinderte Diffusion von Substrat zu Enzym, ein weiteres häufiges Problem von immobilisierten Enzymen, vor allen Dingen, wenn sie in eine Matrix eingebettet sind (Hudson *et al.* 2008), kann so durch die Immobilisierung mittels Autodisplay ebenfalls umgangen werden.

Eine weitere Möglichkeit zur Regeneration oxidierter Nikotinamid-Cofaktoren bietet sicherlich der Einsatz von Ganzzellbiokatalysatoren, die das Zielenzym, eine Dehydrogenase im Zellinneren exprimieren. Für die Regenerierung der Redoxäquivalente werden dann ganz einfach intrazelluläre Reaktionen zur Cofaktorregenerierung ausgenutzt. Diese intrazelluläre Ganzzell-Lösung ist jedoch mit einigen Problemen behaftet. So ist die Kapazität zur Cofaktorregenerierung im Zellinneren häufig begrenzt. Dies lässt sich jedoch durch Coexpression von Dehydrogenase und dem Cofaktor regenerierenden System, beispielsweise einer weiteren Dehydrogenase, umgehen (Endo und Koizumi 2001). Auch die NOx aus *L. brevis* ist in einer derartigen Coexpression als Cofaktor regenerierendes System bereits appliziert worden (Xiao *et al.* 2010). Durch diese Coexpression konnten signifikant erhöhte Ausbeuten des chiralen Endprodukts der eingesetzten Dehydrogenase, (2S, 3S)-2,3-Butandiol, erzielt werden, verglichen mit einem Ganzzellbiokatalysator, in dem nur die entsprechende Dehydrogenase und kein zusätzliches, enzymatisches Cofaktor-Regenerationssystem exprimiert worden war. Weitere Probleme eines Einsatzes von Ganzzellsystemen stellen eine Hemmung der Zielenzyme oder sogar des Zellwachstums durch das eingesetzte Substrat und die entstehenden Produkte dar. Außerdem muss gewährleistet sein, dass Substrat und Produkt die Zellmembranen passieren können und kein Wiederabbau des Produktes im Zellinneren auftritt (Duetz *et al.* 2001; Park 2007). Diese Probleme können durch die Oberflächenexpression der NOx umgangen werden. Das oberflächenständige Enzym steht in freiem Kontakt mit seinem Substrat, NADH. Nikotinamid-Cofaktoren sind nicht membrangängig (Gholson *et al.* 1969) so dass eine Aufnahme durch die Zelle ausgeschlossen werden kann. Da diese Cofaktoren, anders als prosthetische Gruppen, nicht fest an ein Enzym gebunden sind, können NAD^+ und NADH in einem kombinierten Ansatz aus NOx-Ganzzellbiokatalysator und einer Dehydrogenase frei zwischen verbrauchendem und regenerierendem System diffundieren. Das gewünschte Endprodukt der Reaktion kann dann durch simples Abtrennen der Zellen aus dem Reaktionsansatz gewonnen werden. Die Kapazität zur Cofaktor-regenerierung kann durch die eingesetzte Anzahl an NOx-Ganzzellbiokatalysatoren gesteuert werden. Die frei wählbare Menge an einsetzbarem Ganzzellbiokatalysator und seine simple Abtrennung aus den Ansätzen machen ihn zu einem separat und variabel applizierbaren Regenerationssystem. Eine Kombination mit aufgereinigten oder immobilisierten Dehydrogenasen oder weiteren Ganzzellbiokatalysatoren, die die entsprechenden Dehydrogenasen auf ihrer Oberfläche tragen ist möglich. In Ganzzellsystemen mit intrazellulärer Expression müssen die Zielenzyme für diese Art der Kombination, die Dehydrogenase zur Synthese des gewünschten Produktes und ein Cofaktor regenerierendes System z. B. in Form einer NOx, zunächst gezielt exprimiert werden (Stewart 2001). Oder es muss im sogenannten „metabolic engineering" ein passendes Wirtssystem ausgewählt werden, welches die Kapazitäten zur Cofaktorregenerierung aufbringen kann (Blank *et al.* 2010). Die eingesetzte Dehydrogenase und das entsprechende Regenerationssystem sind so wenig variabel. Eine Coexpression von NOx und einer Dehydrogenase im Autodisplay ist aber auch möglich und stellt sicherlich eine sinnvolle Erweiterung des dargestellten Systems dar. So befänden sich das NAD^+-verbrauchende und regenerierende System in direkter Nachbarschaft auf der Oberfläche einer Zelle.

7.2 Inkorporierung des FAD-Cofaktors

Da es sich bei der NOx um ein Flavoprotein handelt, sollte untersucht werden, ob die Zugabe von FAD zu Kulturmedium oder Reaktionspuffer notwendig war, um aktives, FAD enthaltendes Holoenzym auf der Oberfläche von *E. coli* zu erhalten. Um die kontrollierte Zugabe von FAD zu gewährleisten, wurde dafür die Untersuchung in definiertem M9-Minimalmedium durchgeführt. Die Expression von Apoproteinen via Autodisplay und die anschließende Aktivierung zum Holoprotein durch Inkorporierung von Cofaktoren wie Eisen-Schwefel- Clustern konnte schon nachgewiesen werden (Jose *et al.* 2001). Die zur Aktivierung notwendigen Cofaktoren wurden dabei immer dem Reaktionspuffer zugegeben.

Jede der vier Untereinheiten der NOx aus *L. brevis* enthält einen FAD-Cofaktor. Dieser ist, wie in den meisten Flavoproteinen nicht kovalent gebunden (Kuzu *et al.* 2005). Eine N-terminal orientierte Konsensussequenz kennzeichnet die FAD-Bindedomäne der wasserbildenden NADH-Oxidasen (Riebel *et al.* 2002). Diese Konsensussequenz findet sich auch in der Aminosäuresequenz der NOx (Abbildung 39). Es handelt sich um den Sequenzabschnitt GXT(H/S)AG. Für die NOx aus *Lactobacillus brevis* liegt bislang keine Kristallstruktur vor, jedoch ist die Kristallstruktur der wasserbildenden NOx aus *Lactobacillus sanfranciscensis* aufgeklärt (Lountos *et al.* 2006). Diese und die NOx aus *L. brevis* weisen eine 70 % ige Identität der Aminosäuresequenzen auf, daher wird diese Struktur im Folgenden auf die hier eingesetzte NOx aus *L. brevis* angewendet. Die FAD-Bindedomäne bildet in beiden NADH-Oxidasen eine sogenannte „Rossmann-Falte" (Rossmann *et al.* 1975; Wierenga *et al.* 1983) aus (Lountos *et al.* 2006und persönliche Kommunikation von K. Niefind 2010). In dieser Konfiguration wird das FAD nicht kovalent gebunden, auch wenn die Art der Aminosäuren in der Konsensussequenz und die Anordnung der Aminosäuren in der FAD-Bindedomäne der NOx zunächst auf eine kovalente Bindung schließen lassen und sich daher widersprüchliche Angaben für den Bindungsstatus des FAD der NOx aus *L. brevis* in der Literatur finden. Für die Gruppe der Vanillyl-Alkohol-Oxidasen ist eine kovalente Bindung des FADs beschrieben, welche in der Bindedomäne über einen Cystein- und einen Histidinrest erfolgt. Dabei bindet der Stickstoff an Position 1 des FAD-Isoalloxazinringsystems kovalent an Histidin und der Kohlenstoff an Position 6 bindet den Schwefel des Cysteins (Heuts *et al.* 2009). Obwohl in der NOx ebenfalls ein Histidin- und ein Cysteinrest in der FAD-Bindedomäne in der Nähe des Isoalloxazinringes zu finden sind, kann sich diese Art der Bindung nicht ausbilden. Bei dem Cystein handelt es sich um Cys 42, der Schwefel dieses Cysteins ist als Thiolatanion bzw. Sulfensäure in die Redoxreaktion involviert und das FAD kommt in der Bindetasche, die zugleich auch das aktive Zentrum ist, etwas anders zu liegen (Lountos *et al.* 2006). Mit dem Isoalloxazinringsystem, sprich der Flavinuntereinheit des FAD und dem Ribitylrest bilden sich im aktiven Zentrum der NOx nur Wasserstoffbrücken aus (Lountos *et al.* 2006). Für die Bindungsmodalität der Adenin-Nukleotid-Untereinheit des FAD-Cofaktors der NOx ist bislang jedoch nichts beschrieben. Auch wenn die Bindung des Isoalloxazinrings nicht kovalent erfolgt, so besteht die Möglichkeit, dass die Avidität der Bindung des gesamten Moleküls dennoch verhindert, dass Cofaktor und Apoprotein leicht dissoziieren. Die meisten nicht kovalent gebundenen FAD-Cofaktoren sind somit trotzdem sehr fest an das Flavoprotein gebunden (Hefti *et al.* 2003; Heuts *et al.* 2009). Auch für die „Rossman-

Falte" ist beschrieben, dass der Adenin-Ribose-Rest des FAD eine starke Bindung mit Glutamatresten in einem der β-Faltblätter ausbildet (Wierenga *et al.* 1983). Oft ist die Inkorporierung des FAD-Cofaktors auch notwendig um die Oligomerisierung eines Flavoenzyms zu bewirken (Tahallah *et al.* 2002). So verbessert der gebundene FAD-Cofaktor zudem die Resistenz des Flavoproteins gegenüber chemischer und thermischer Denaturierung. Basierend auf diesen Angaben sollte untersucht werden, ob der FAD-Cofaktor trotz vorangegangener Denaturierung des Proteins in der SDS-PAGE mittels eines Anti-Riboflavin-Antikörpers auf dem Western Blot zu detektieren war. Als Kontrollprobe wurde ein Proteinisolat verwendet, welches das Autotransporter-Fusionsprotein eines anderen Flavoproteins, einer Pyranose-Oxidase (POx), enthielt.

N-Terminus														C-Terminus
L	E	K	V	T	V	V	**G**	**C**	**T**	**H**	**A**	**G**	T	F	A
CTC	GAG	AAA	GTC	ACA	GTT	GTT	GGT	TGT	ACA	CAT	GCC	GGA	ACC	TTT	GCG
5´															3´

Abbildung 39: N-terminale Aminosäuresequenz der NOx.
Die Konsensussequenz der wasserbildenden NADH-Oxidasen, die auf eine kovalente Bindung schließen lässt, ist fettgedruckt hervorgehoben und unterstrichen.

Trotz der vorangegangenen Denaturierung der Proteinpräparate für die SDS-PAGE wurden sowohl das POx- als auch das NOx-Fusionsprotein durch den Anti-Riboflavin-Antikörper markiert. Die Markierung der POx ist jedoch stärker ausgeprägt, wobei das Ergebnis der SDS-PAGE impliziert, dass dieser Eindruck nicht auf Konzentrationsunterschiede in den Proteinpräparate zurückzuführen ist. In der POx liegt der FAD-Cofaktor kovalent gebunden vor (Danneel *et al.* 1993) und wurde somit vermutlich durch den Denaturierungsprozess nicht dissoziiert (Tanford 1968). Die unterschiedliche Intensität der Antikörpermarkierung der NOx und POx ist somit möglicherweise auf die unterschiedlichen Bindungsmodalitäten zurückzuführen. Trotz der wahrscheinlich nicht kovalenten Bindung des FAD-Cofaktors an die NOx konnte dieser nach Denaturierung durch SDS noch durch den Anti-Riboflavin-Antikörper nachgewiesen werden. Dies impliziert einerseits, dass die Bindung des FAD-Cofaktors, wie von Heuts *et al.* (2009) und Hefti *et al.* (2003) beschrieben, doch stark genug ist, um den Denaturierungsprozess zu überstehen. Andererseits könnte dieses Ergebnis bedeuten, und dies stellt die wahrscheinlichere Möglichkeit dar, dass die Markierung des Western Blots durch den Anti-Riboflavin-Antikörper doch nicht ausreichend spezifisch erfolgte und beispielsweise Teile des Autotransporters markiert wurden. Auf dem Western Blot zur Untersuchung der Spezifität des Antikörpers sind andere Autotransporter-Fusionsproteine zwar nicht markiert worden, dies könnte sich aber auf Konzentrationsunterschiede in den verwendeten

Proteinproben zurückführen lassen (Abbildung 26). Der Nachweis der Anwesenheit des FAD-Cofaktors mittels Western Blot deutet somit zwar darauf hin, dass eine Zugabe von FAD zu den Zellen in M9-Minimalmedium und Waschpuffer nicht notwendig für die Zusammenlagerung des Holoenzyms war, kann aber streng genommen aufgrund der widersprüchlichen vorliegenden Daten und Ergebnisse nicht gewertet werden.

Der photometrische Nachweis des FAD auf der Zelloberfläche lieferte aber einen weiteren Hinweis auf die korrekte Faltung zum Holoenzym. Der Zellzahl-abhängige Absorptionsanstieg bei 450 nm zeigte sich nur in den NOx-Ganzzellbiokatalysator enthaltenden Proben. Da dieser Test jedoch mit Zellen durchgeführt worden war, die zwar in Abwesenheit von FAD aber in komplexem LB-Medium kultiviert worden waren, legt das den Schluss nahe, dass wahrscheinlich im Medium enthaltenes FAD inkorporiert wurde.

Auch in der Aktivitätsbestimmung zeigte sich, dass eine Zugabe von FAD zu M9-Minimalmedium und dem Wasch- und Reaktionspuffer nicht notwendig war, um funktionelle NOx-Ganzzellbiokatalysatoren zu erhalten. Diese Ergebnisse werfen Fragen über die Herkunft des inkorporierten FAD auf, da Minimalmedium und Puffer eben jenes nicht enthielten. Eine mögliche Erklärung zur Ausbildung des Holoenzyms beinhaltet die Translokation des Passagiers über die äußere Membran in bereits gefaltetem Zustand. Das hieße, Apoenzym und aus dem Periplasma stammender FAD-Cofaktor lagern sich bereits im Periplasma zusammen und werden dann in der schon korrekten Konformation an die Oberfläche transloziert. Diese Möglichkeit wird für den Translokationsmechanismus der Typ Va Autotransporter bereits seit längerem diskutiert (Henderson *et al.* 2004). Die Ergebnisse zum Autodisplay von CYP106A2 und CYP3A4 könnten diese These ebenfalls unterstützen. Diese Enzyme tragen eine Porphyrinring-enthaltende prosthetische Gruppe, sie sind Hämproteine. Zellen, die diese CYP-Enzyme auf ihrer Oberfläche trugen, zeigten CYP-Aktivität, auch ohne die Zugabe von Häm zu Kulturmedium oder Reaktionspuffer (Schumacher *et al.* 2010). Sowohl diese Ergebnisse, als auch die beschriebenen Ergebnisse über den Zusatz von β-Mercaptoethanol zu LB-Kulturmedium implizieren, dass der Transport des Proteins über die äußere Membran in gefaltetem Zustand stattfindet. Wurde die Faltung des Proteins im Periplasma durch Zugabe von β-Mercaptoethanol verhindert, zeigten die NOx-Ganzzellkatalysatoren eine geringere NADH-Oxidase-Aktivität. Sollte der Transport über die äußere Membran in gefalteter Form erfolgen, gründet diese Beobachtung wahrscheinlich auf einer geringeren Anzahl gefalteten und aktiven Enzyms an der Zelloberfläche.

Es besteht jedoch Unklarheit darüber, ob das Periplasma von *E. coli* FAD für die Zusammenlagerung mit dem Apoprotein oder überhaupt Flavine wie auch

Flavinmononukleotid (FMN) oder Riboflavin enthält. So deuten die Ergebnisse von Van Bloois *et al.* (2009) zur periplasmatischen Translokation, Zusammenlagerung und Aktivität einer Alditol-Oxidase mit Hilfe verschiedener Signalpeptide und Transportmechanismen darauf hin, dass das Periplasma von *E. coli* kein FAD enthält. Nach Bacher et al. (1996) besteht zusätzlich die Annahme, dass *E. coli* ein Transportsystem für Riboflavin fehlt. Weiterhin werden die meisten periplasmatischen, Flavin enthaltenden Redoxproteine in *E. coli* über den sogenannten „Twin Arginine Translocation Pathway" (TAT) transloziert. In diesem Translokationsweg findet der Transport des Proteins anders als im „general secretory pathway", dem sogenannten Sec-Weg in gefalteter Form über die innere Membran statt. Im Sec-Weg werden die Proteine in ungefalteter Form durch die innere Membran geschleust (Driessen und Nouwen 2008). Bei einem Transport gefalteten Proteins über den TAT-Weg erfolgt die Inkorporierung des FAD-Cofaktors demnach im Cytoplasma (Voordouw 2000; Sargent *et al.* 2002; Palmer *et al.* 2005). Die Translokation korrekt gefalteter Flavopoteine an die Zelloberfläche von *E. coli* gelingt auch mit Hilfe des „Ice Nucleation Proteins" (Inp) aus *Pseudomonas syringae* (Yim *et al.* 2006; Van Bloois *et al.* 2009; Sung-Kun *et al.* 2010). Dieses bildet einen Membrananker in der äußeren Membran aus. Der Translokationsmechanismus dieses Proteins über die innere Membran ist jedoch noch nicht aufgeklärt. Man geht davon aus, dass es über die Translokationssysteme von *E. coli* transportiert wird (Jung *et al.* 1998). Ein gefalteter Transport über das TAT-System ist somit denkbar. Weiterhin finden sich auch widersprüchliche Angaben, so erfolgt der Transport einer FAD-enthaltenden Stickstoffoxid-Reduktase (NosR) in das Periplasma von gramnegativen Bakterien über den Sec-Translokationsweg und demnach in ungefaltetem Zustand. Trotzdem fand sich im Periplasma das aktive Protein mit inkorporiertem Cofaktor (Zumft 2005). Die Herkunft des FAD-Cofaktors blieb jedoch ungeklärt.

Eine weitere aber recht unwahrscheinliche Möglichkeit bestünde demnach in der Translokation des gefalteten NOx-Fusionsproteins mit bereits inkorporiertem FAD-Cofaktor über die innere Membran mittels des TAT-Transportwegs. Das im Autodisplay zum Transport über die innere Membran verwendete Signalpeptid dirigiert das Fusionsprotein jedoch in den Sec-Weg. Das bedeutet, der Transport erfolgt in ungefaltetem Zustand. Für TAT-Signalpeptide ist beschrieben, dass sie, je nach Hydrophobizität und Ladung, den Transport eines Proteins auch über den Sec-Weg lenken können (Tullman-Ercek *et al.* 2007). Der umgekehrte Fall, der Transport eines Proteins mit Sec-Signalpeptid über den TAT-Weg scheint nicht möglich zu sein, zumal Sec-Signalpeptiden die typische Erkennungssequenz für eine TAT-Translokation, das doppelte Arginin fehlt (Cristobal *et al.* 1999).

Es existieren bisher nur wenige Kenntnisse über die Exkretion von Flavinen durch Bakterien, da die Forschung sich bislang auf die Biosynthesewege und die Regulation der Expression von Flavoproteinen fokussierte (Covington *et al.* 2010). So sind bis heute erst zwei Riboflavin-Transporter entdeckt worden, RibU (Kreneva *et al.* 2000; Burgess *et al.* 2006) und Rib M (Vitreschak *et al.* 2002; Vogl *et al.* 2007). Der Transport scheint somit prinzipiell möglich. Durch das gramnegative Bakterium *Shewanella oneidensis* wird der Export von FMN und Riboflavin in den Extrazellularraum durchgeführt. Dazu wird zunächst das FAD im Periplasma durch eine 5′-Mononukleotidase (Uridin-Diphosphate-Sugar-Hydrolase, UshA) zu FMN und Riboflavin abgebaut. Diese Flavine werden dann durch Porine in der äußeren Membran sezerniert. Verhindert man den Abbau des FAD durch Mutation der 5′-Mononukleotidase wird sogar FAD sezerniert. Wie FAD in das Periplasma gelangt ist bisher jedoch ungeklärt. Vorstellbar bleibt jedoch, dass solche oder ähnliche Prozesse auch in *E. coli* stattfinden könnten. Demnach könnte eine Zusammenlagerung von Apoprotein und FAD-Cofaktor im Periplasma erfolgen, oder sogar eine Sekretion oder ein aktiver Transport von FAD in den Extrazellularraum.

Nach dem derzeitigen Stand der Forschung lässt sich die Inkorporierung des FAD-Cofaktors in das NOx-Fusionsprotein nur durch eine verminderte Membranintegrität erklären. Diese wird, wie bereits beschriebenen, durch die hohe Anzahl an Fusionsproteinen in der äußeren Membran hervorgerufen (Van Gerven *et al.* 2009). Durch die Lyse einiger Zellen könnte so genügend FAD in Medium oder Wasch- und Reaktionspuffer gelangt sein, um eine Inkorporierung in das oberflächenständige Apoenzym zu ermöglichen.

Um den tatsächlichen Hergang des Transportes und der Cofaktor-Inkorporierung in das Fusionsprotein zufriedenstellend zu klären sind weitere mechanistische Untersuchungen des Transportprozesses erforderlich.

7.3 Autodisplay der FgaPT2

Mittels Autodisplay war es gelungen auch die Prenyltransferase FgaPT2 aus *Aspergillus fumigatus* an der Oberfläche der *E. coli*-Stämme BL21(DE3) und UT5600(DE3) zu exprimieren. Wie auch schon für die Untersuchung der Oberflächenständigkeit der NOx beschrieben, zog der Protease-Zugänglichkeitstest mit intakten Zellen von *E. coli* BL21(DE3) pEK004 eine Degradation des Prenyltransferase-Passagiers nach sich. Dies kann als Nachweis für die Orientierung der FgaPT2 in den Extrazellularraum gesehen werden. Durch die Expression funktioneller, FgaPT2 konnte außerdem, wie auch schon für das Autodisplay der NOx dargelegt, ein weiteres Mal die Beweglichkeit des als Membrananker fungierenden β-Fasses in der äußeren Membran belegt werden, da die Prenyltransferase FgaPT2 nur in dimerer Form Aktivität zeigt (Metzger *et al.* 2009). Die Möglichkeit zur Zusammenlagerung der Monomere auf der Oberfläche von *E. coli* war somit gegeben.

Die Prenylierung von zumeist aromatischen Molekülen stellt einen sehr wichtigen Schritt im Sekundärstoffwechsel von Pilzen, Pflanzen und Bakterien dar (Heide 2009). Die durch Prenyltransferasen katalysierte Addition einer Isoprenoidgruppe geht dabei meist einher mit einer Erhöhung der biologischen Aktivität gegenüber der nicht prenylierten Vorstufe (Botta *et al.* 2005b). Durch Prenylierung entstehen somit auch pharmakologisch wirksame Substanzen, wie z. B. Ergotalkaloide oder zytotoxisch wirksame Tryprostatine. Die Prenylierungsreaktion ist demnach nicht nur in den Biosynthesewegen von natürlichen Sekundärstoffen, sondern auch in der chemoenzymatischen Synthese von pharmakologisch wirksamen Substanzen und möglichen Anti-Tumor-Wirkstoffen von Bedeutung. Auch wenn beispielsweise die Synthese von Tryprostatin A und B auf klassischem chemischen Weg bereits erfolgreich durchgeführt werden konnte (Zhao *et al.* 1998), bietet der Einsatz eines Biokatalysators für den Prenylierungsschritt die Vorteile eines geringeren Energiebedarfs, einer regiospezifischen Reaktion und der Entstehung einer geringeren Menge an Nebenprodukten, zumal die Prenylierung unter Verwendung von Isoprenylbromid bei -78 °C durchgeführt werden musste. Durch ihr breites Substratspektrum und die dadurch bedingte Fähigkeit sehr viele verschiedene Indolderivate als Substrate zu akzeptieren, stellt die Prenyltransferase FgaPT2 ein interessantes Zielenzym für einen biokatalytischen Einsatz in der Synthese prenylierter, biologisch aktiver Substanzen dar (Li 2009). Auch ein Einsatz zur chemoenzymatischen Synthese der genannten Tryprostatine ist denkbar, da FgaPT2 auch die cyclischen Dipeptidvorstufen dieser Substanzklasse als Substrate akzeptiert (Steffan und Li 2009). Bislang wurde zu diesem Zweck jedoch nur (über „His-Tag") aufgereinigtes Enzym verwendet (Li 2010). Aufgrund seiner Löslichkeit und der Notwendigkeit einer Fällung des Enzyms durch Trichloressigsäure zur Abtrennung der prenylierten Endprodukte aus den Ansätzen nach Ablauf der Reaktion (Steffan *et al.* 2007) konnte einmal verwendetes Enzym dabei aber nicht zurückgewonnen werden. Versuche, das Enzym beispielsweise durch Immobilisierung an geeigneten Partikeln oder Membranen wiederverwendbar zu machen, sind bisher nicht unternommen worden. Auch die Möglichkeiten des Einsatzes der FgaPT2 in einem Ganzzellbiokatalysator sind noch nicht untersucht worden. An dieser Stelle konnte durch Autodisplay der funktionellen FgaPT2 sinnvoll angeknüpft werden. Durch die Oberflächenexpression der FgaPT2 auf *E. coli* wurden die Vorteile einer Immobilisierung des Enzyms mit den Vorteilen, die Ganzzellbiokatalysatoren mit sich bringen, vereint. Um das Enzym zu erhalten, brauchten nunmehr lediglich die entsprechenden *E. coli* Zellen kultiviert und die Expression des FgaPT2-

Fusionsproteins induziert werden, die aufwendige Aufreinigung des löslichen Enzyms entfiel. Durch die Verankerung in der äußeren Membran, die als Immobilisierung des Enzyms angesehen werden kann (Jose 2006), konnte eine Stabilitätserhöhung des Enzyms erreicht werden. Dies belegte der direkte Vergleich der Umsetzung von Indol-3-propionsäure durch aufgereinigtes Enzym und den FgaPT2-Ganzzellbiokatalysator. Das aufgereinigte Enzym zeigte bereits nach einer Stunde einen Verlust an Aktivität und die Ausbeute an prenyliertem Produkt konnte nach 24 h verglichen mit der Produktbildung nach einer Stunde nur um weitere 2 % gesteigert werden. Mit dem FgaPT2-Ganzzellbiokatalysator hingegen, konnten nach 24 h, mit einer um den Faktor 30 geringeren Anzahl an eingesetzten Enzymmolekülen, 75 % der Umsetzungsrate des aufgereinigten Enzyms erreicht werden. Zudem erwies sich der für das aufgereinigte Enzym notwendige Einsatz von zweiwertigen Ionen wie Calcium oder Magnesium zur Verbesserung der Aktivität (Unsöld und Li 2005) als nicht erforderlich für den FgaPT2-Ganzzellbiokatalysator. Durch das „surface display" der FgaPT2 stand das Substrat zudem in direktem Kontakt mit dem oberflächenständigen Enzym und das entstehende Produkt konnte allein durch simples Entfernen der Zellen aus den Ansätzen abgetrennt werden. Bei Einsatz des aufgereinigten Enzyms geht die Abtrennung des entstandenen Produktes zwangsläufig mit einer Denaturierung und somit dem Verlust des Enzyms einher. Der FgaPT2-Ganzzellbiokatalysator konnte hingegen in drei Reaktionszyklen mit einer verbleibenden Aktivität von etwa 50 % gegenüber Indol-3-propionsäure verglichen mit dem Anfangswert wiederverwendet werden. Wie schon für den NOx-Ganzzellbiokatalysator beschrieben, lässt sich die nach Wiederverwendung verbleibende Aktivität durch Modifikationen in der Versuchsdurchführung möglicherweise noch steigern. So könnte z. B. ein auftretender Verlust an Zellen ausgeglichen werden. Während der Lagerung des FgaPT2-Ganzzellbiokatalysators in Zellsuspensionen bei 4 °C für einen Monat zeigte sich keinerlei Aktivitätsverlust obwohl die Lagerung mit einer Abnahme der Lebendzellzahl um den Faktor zehn einherging.

Durch die verbesserte Stabilität des Enzyms und die Möglichkeiten zu Lagerung und Wiederverwendbarkeit bietet der in dieser Arbeit entwickelte FgaPT2-Ganzzellbiokatalysator für einen möglichen biokatalytischen Einsatz der FgaPT2 somit in punkto Effizienz und Nachhaltigkeit immense Vorteile gegenüber dem aufgereinigten Enzym. Durch die erfolgte Umsetzung von L-β-Homotryptophan konnte das Spektrum an durch den FgaPT2-Ganzzellbiokatalysator akzeptierten Substanzen bereits erweitert werden. Um das volle Potential dieses Ganzzellbiokatalysators überschauen zu können, stellen die Untersuchung der

Akzeptanz weiterer möglicher Substrate eine sinnvolle Ergänzung der bisherigen Ergebnisse dar.

7.4 Fazit und Ausblick

In dieser Arbeit konnte dargelegt werden, dass Autodisplay ein vielversprechendes Werkzeug für die Biokatalyse darstellt. Es war gelungen, zwei komplexe Enzyme funktionell auf der Zelloberfläche von *E. coli* zu exprimieren. Somit konnten für Aktivitätsbestimmungen und Umsetzungsreaktionen direkt die einfach zugänglichen, ganzen Zellen eingesetzt werden, eine zeit- und kostenintensive Aufreinigung der Enzyme entfiel. Die oftmals hinderliche Membranpassage von Substrat und Endprodukt konnte so ebenfalls umgangen werden. Im Autodisplay der NADH-Oxidase konnte die Inkorporierung eines Cofaktors bewerkstelligt werden. Dies stellt somit keinen Flaschenhals in der Oberflächenexpression Cofaktor-enthaltender Enzyme dar. Die Immobilisierung in der äußeren Membran durch die als Membrananker fungierenden β-Fässer zeigte eine Stabilitätsverbesserung der oberflächenexprimierten Enzyme verglichen mit den entsprechenden aufgereinigten Enzymen. Wiederverwendbarkeit und Lagerungsfähigkeit der entwickelten Ganzzellbiokatalysatoren konnten ebenfalls unter Beweis gestellt werden. Dies und die für beide Ganzzellbiokatalysatoren sehr milden Reaktionsbedingungen stellen einen effizienten und wirtschaftlichen Einsatz, auch im großtechnischen Maßstab in Aussicht. Der NOx-Ganzzellbiokatalysator kann in kombinierten Systemen zur Regenerierung von NAD^+-Cofaktoren genutzt werden. Auch die Coexpression mit einer NAD^+-reduzierenden Dehydrogenase auf der Oberfläche eines *E. coli*-Stammes ist denkbar und stellt eine sinnvolle Weiterentwicklung der hier gezeigten Oberflächenexpression Cofaktor-regenerierender Enzyme dar. Der Prenyltransferase-Ganzzellbiokatalysator könnte seine biokatalytische Anwendung in der chemoenzymatischen Synthese von Ergotalkaloiden oder zytostatisch wirksamen Tryprostatinen finden.

8 Literaturverzeichnis

Ashrafuddin Ahmed S und Claiborne A (1989) The streptococcal flavoprotein NADH oxidase. I. Evidence linking NADH oxidase and NADH peroxidase cysteinyl redox centers. *J Biol Chem* 264(33): 19856-19863.

Bacher A, Eberhardt S und Richter G (1996) Biosynthesis of Riboflavin. Aus *Escherichia coli* and *Salmonella*. F. C. Neidhardt. Washington D.C., ASM Press. Vol. 1: 657-664, 2nd edition

Bennett JW (1998) Mycotechnology: The role of fungi in biotechnology. *J Biotechnol* 66(2-3): 101-107.

Benz I und Schmidt MA (1989) Cloning and expression of an adhesin (AIDA-I) involved in diffuse adherence of enteropathogenic *Escherichia coli*. *Infect Immun* 57(5): 1506-1511.

Birnboim HC und Doly J (1979) A rapid alkaline extraction procedure for screening recombinant plasmid DNA. *Nucleic Acids Res* 7(6): 1513-1523.

Blank LM, Ebert BE, Buehler K und Bühler B (2010) Redox biocatalysis and metabolism: Molecular mechanisms and metabolic network analysis. *Antioxid Redox Signal* 13(3): 349-394.

Blasshofer F (2008) Autodisplay funktioneller Antikörperfragmente in *Escherichia coli*. *Dissertation*, Heinrich-Heine-Universität, Düsseldorf

Boller T, Meier C und Menzler S (2002) EUPERGIT oxirane acrylic beads: How to make enzymes fit for biocatalysis. *Org Process Res Dev* 6(4): 509-519.

Bommarius AS, Drauz K, Hummel W, Kula MR und Wandrey C (1994) Some new developments in reductive amination with cofactor regeneration. *Biocatalysis* 10: 37-47.

Bommarius AS, Schwarm M und Drauz K (1998) Biocatalysis to amino acid-based chiral pharmaceuticals - Examples and perspectives. *J Mol Catal B Enzym* 5(1-4): 1-11.

Bornscheuer UT (2005) Trends and challenges in enzyme technology. *Adv Biochem Engin/Biotechnol* 100: 181-203.

Bornscheuer UT und Bucholz K (2005) Highlights in biocatalysis - Historical landmarks and current trends. *Eng Life Sci* 5(4): 309-323.

Bostian KA und Betts GF (1978a) Kinetics and reaction mechanism of potassium-activated aldehyde dehydrogenase from *Saccharomyces cerevisiae*. *Biochem J* 173(3): 787-798.

Bostian KA und Betts GF (1978b) Rapid purification and properties of potassium-activated aldehyde dehydrogenase from *Saccharomyces cerevisiae*. *Biochem J* 173(3): 773-786.

Botta B, Monache GD, Menendez P und Boffi A (2005a) Novel prenyltransferase enzymes as a tool for flavonoid prenylation. *Trends Pharmacol Sci* 26(12): 606-608.

Botta B, Vitali A, Menendez P, Misiti D und Monache GD (2005b) Prenylated flavonoids: Pharmacology and biotechnology. *Curr Med Chem* 12(6): 713-739.

Breuer M, Ditrich K, Habicher T, Hauer B, Keßeler M, Stürmer R und Zelinski T (2004) Industrial methods for the production of optically active intermediates. *Angew Chem Int Ed* 43(7): 788-824.

Broussy S, Cheloha RW und Berkowitz DB (2009) Enantioselective, ketoreductase-based entry into pharmaceutical building blocks: Ethanol as tunable nicotinamide reductant. *Org Lett* 11(2): 305-308.

Brown DM, Upcroft JA, Edwards MR und Upcroft P (1998) Anaerobic bacterial metabolism in the ancient eukaryote *Giardia duodenalis*. *Int J Parasitol* 28(1): 149-164.

Buchner E und Rapp R (1898) Alkoholische Gährung ohne Hefezellen. *Ber Dt Chem Ges* 21: 209.

Bult CJ, White O, Olsen GJ, Zhou L, Fleischmann RD, Sutton GG, Blake JA, FitzGerald LM, Clayton RA, Gocayne JD, Kerlavage AR, Dougherty BA, Tomb JF, Adams MD, Reich CI, Overbeek R, Kirkness EF, Weinstock KG, Merrick JM, Glodek A, Scott JL, Geoghagen NSM, Weidman JF, Fuhrmann JL, Nguyen D, Utterback TR, Kelley JM, Peterson JD, Sadow PW, Hanna MC, Cotton MD, Roberts KM, Hurst MA, Kaine BP, Borodovsky M, Klenk HP, Fraser CM, Smith HO, Woese CR und Venter JC (1996) Complete genome sequence of the Methanogenic archaeon, *Methanococcus jannaschii*. *Science* 273(5278): 1058-1073.

Burgess CM, Slotboom DJ, Geertsma ER, Duurkens RH, Poolman B und Van Sinderen D (2006) The riboflavin transporter RibU in *Lactococcus lactis*: Molecular characterization of gene expression and the transport mechanism. *J Bacteriol* 188(8): 2752-2760.

Carballeira JD, Quezada MA, Hoyos P, Simeó Y, Hernaiz MJ, Alcantara AR und Sinisterra JV (2009) Microbial cells as catalysts for stereoselective red-ox reactions. *Biotechnol Adv* 27(6): 686-714.

Chen W und Georgiou G (2002) Cell-surface display of heterologous proteins: From high-throughput screening to environmental applications. *Biotechnol Bioeng* 79(5): 496-503.

Covington ED, Gelbmann CB, Kotloski NJ und Gralnick JA (2010) An essential role for UshA in processing of extracellular flavin electron shuttles by *Shewanella oneidensis*. *Mol Microbiol* 78(2): 519-532.

Cristobal S, de Gier J-W, Nielsen H und von Heijne G (1999) Competition between Sec- and TAT-dependent protein translocation in *Escherichia coli*. *EMBO J* 18(11): 2982-2990.

Danneel HJ, Rossner E, Zeeck A und Giffhorn F (1993) Purification and characterization of a pyranose oxidase from the basidiomycete *Peniophora gigantea* and chemical analyses of its reaction products. *Eur J Biochem* 214(3): 795-802.

Detzel C (2010) Autodisplay von Nitrilasen zur Umsetzung von Nitrilen zu Carbonsäuren. *Doktorarbeit*, Heinrich-Heine-Universität, Düsseldorf

Detzel C, Maas R und Jose J (2010). Autodisplay of the nitrilase from *Alcaligenes faecalis* in *E. coli* yields a whole cell biocatalyst for the synthesis of enantiomerically pure (R)-mandelic acid. *ChemCatChem* In Press.

Drauz K und Waldmann H (2003) Enzyme Catalysis in Organic Synthesis, VCH-Wiley, Weinheim.

Driessen AJM und Nouwen N (2008) Protein translocation across the bacterial cytoplasmic membrane. *Annu Rev Biochem* 77: 643-667.

Duetz WA, Van Beilen JB und Witholt B (2001) Using proteins in their natural environment: Potential and limitations of microbial whole-cell hydroxylations in applied biocatalysis. *Curr Opin Biotechnol* 12(4): 419-425.

Endo T und Koizumi S (2001) Microbial Conversion with Cofactor Regeneration using Genetically Engineered Bacteria. *Adv Synth Catal* 343(6-7): 521-526.

Gai SA und Wittrup KD (2007) Yeast surface display for protein engineering and characterization. *Curr Opin Struct Biol* 17(4): 467-473.

Geueke B, Riebel B und Hummel W (2003) NADH oxidase from *Lactobacillus brevis*: A new catalyst for the regeneration of NAD. *Enzyme Microb Technol* 32(2): 205-211.

Gholson RK, Tritz GJ, Matney TS und Andreoli AJ (1969) Mode of nicotinamide adenine dinucleotide utilization by *Escherichia coli*. *J Bacteriol* 99(3): 895-896.

Glomset JA und Farnsworth CC (1994) Role of protein modification reactions in programming interactions between ras-related GTPases and cell membranes. *Annu Rev Cell Dev Biol* 10: 181-205.

Gratz A (2010) Autodisplay der humanen Proteinkinase CK2 und Entwicklung eines Verfahrens zur Inhibitionstestung. *Dissertation*, Heinrich-Heine-Universität, Düsseldorf

Grossman TH, Kawasaki ES, Punreddy SR und Osburne MS (1998) Spontaneous cAMP-dependent derepression of gene expression in stationary phase plays a role in recombinant expression instability. *Gene* 209(1-2): 95-103.

Grubhofer N und Schleith L (1953) Modifizierte Ionenaustauscher als spezifische Adsorbentien. *Die Naturwissenschaften* 40(19): 508.

Hanefeld U, Gardossi L und Magner E (2009) Understanding enzyme immobilisation. *Chem Soc Rev* 38(2): 453-468.

Hansson M, Samuelson P, Gunneriusson E und Ståhl S (2001) Surface display on gram positive bacteria. *Comb Chem High Throughput Screen* 4(2): 171-184.

Hantke K (1981) Regulation of ferric iron transport in *Escherichia coli* K12: isolation of a constitutive mutant. *Mol Gen Genet* 182(2): 288-292.

Hartmeier W (1985) Immobilized biocatalysts - On the way to the second generation. *Naturwissenschaften* 72(6): 310-314.

Hefti MH, Vervoort J und Van Berkel WJH (2003) Deflavination and reconstitution of flavoproteins: Tackling fold and function. *Eur J Biochem* 270(21): 4227-4242.

Heide L (2009) Prenyl transfer to aromatic substrates: genetics and enzymology. *Curr Opin Chem Biol* 13(2): 171-179.

Henderson IR, Navarro-Garcia F, Desvaux M, Fernandez RC und Ala'Aldeen D (2004) Type V protein secretion pathway: The autotransporter story. *Microbiol Mol Biol Rev* 68(4): 692-744.

Hesseltine CW (1983) Microbiology of oriental fermented foods. *Annu Rev Microbiol* 37: 575-601.

Heuts DPHM, Scrutton NS, McIntire WS und Fraaije MW (2009) What's in a covalent bond?: On the role and formation of covalently bound flavin cofactors. *FEBS J* 276(13): 3405-3427.

Higuchi M, Yamamoto Y und Kamio Y (2000) Molecular biology of oxygen tolerance in lactic acid bacteria: Functions of NADH oxidases and Dpr in oxidative stress. *J Biosci Bioeng* 90(5): 484-493.

Hilterhaus L und Liese A (2006) Building blocks. *Adv Biochem Engin/Biotechnol* 105: 133-173.

Hudson S, Cooney J und Magner E (2008) Proteins in mesoporous silicates. *Angew Chem Int Ed* 47(45): 8582-8594.

Hummel W, Kuzu M und Geueke B (2003) An efficient and selective enzymatic oxidation system for the synthesis of enantiomerically pure D-tert-Leucine. *Org Lett* 5(20): 3649-3650.

Hummel W und Riebel B (2003) Isolation and biochemical characterization of a new NADH oxidase from *Lactobacillus brevis*. *Biotechnol Lett* 25(1): 51-54.

Ishige T, Honda K und Shimizu S (2005) Whole organism biocatalysis. *Curr Opin Chem Biol* 9(2): 174-180.

Johannes TW, Woodyer RD und Zhao H (2007) Efficient regeneration of NADPH using an engineered phosphite dehydrogenase. *Biotechnol Bioeng* 96(1): 18-26.

Jose J (2006) Autodisplay: Efficient bacterial surface display of recombinant proteins. *Appl Microbiol Biotechnol* 69(6): 607-614.

Jose J, Bernhardt R und Hannemann F (2001) Functional display of active bovine adrenodoxin on the surface of *E. coli* by chemical incorporation of the [2Fe-2S] cluster. *Chembiochem* 2(9): 695-701.

Jose J, Bernhardt R und Hannemann F (2002) Cellular surface display of dimeric Adx and whole cell P450-mediated steroid synthesis on *E. coli*. *J Biotechnol* 95(3): 257-268.

Jose J, Betscheider D und Zangen D (2005) Bacterial surface display library screening by target enzyme labeling: Identification of new human cathepsin G inhibitors. *Anal Biochem* 346(2): 258-267.

Jose J und Handel S (2003) Monitoring the cellular surface display of recombinant proteins by cysteine labeling and flow cytometry. *Chembiochem* 4(5): 396-405.

Jose J, Kramer J, Klauser T, Pohlner J und Meyer TF (1996) Absence of periplasmic DsbA oxidoreductase facilitates export of cysteine-containing passenger proteins to the *Escherichia coli* cell surface via the Iga beta autotransporter pathway. *Gene* 178(1-2): 107-110.

Jose J und von Schwichow S (2004) Autodisplay of active sorbitol dehydrogenase (SDH) yields a whole cell biocatalyst for the synthesis of rare sugars. *Chembiochem* 5(4): 491-499.

Jung HC, Lebeault JM und Pan JG (1998) Surface display of *Zymomonas mobilis* levansucrase by using the ice-nucleation protein of *Pseudomonas syringae*. *Nat Biotechnol* 16(6): 576-580.

Kaeßler A, Olgen S und Jose J (2010) Autodisplay of catalytically active human hyaluronidase hPH-20 and testing of enzyme inhibitors. *Eur J Pharm Sci* In Press, Corrected Proof.

Khalaf N, Govardhan CP, Lalonde JJ, Persichetti RA, Wang YF und Margolin AL (1996) Cross-linked enzyme crystals as highly active catalysts in organic solvents. *J Am Chem Soc* 118(23): 5494-5495.

Koebnik R und Kramer L (1995) Membrane assembly of circularly permuted variants of the *E. coli* outer membrane protein OmpA. *J Mol Biol* 250(5): 617-626.

Koebnik R, Locher KP und Van Gelder P (2000) Structure and function of bacterial outer membrane proteins: barrels in a nutshell. *Mol Microbiol* 37(2): 239-253.

Koehl P (2005) Relaxed specificity in aromatic prenyltransferases. *Nat Chem Biol* 1(2): 71-72.

Koike K, Kobayashi T, Ito S und Saitoh M (1985) Purification and characterization of NADH oxidase from a strain of *Leuconostoc mesenteroides*. *J Biochem* 97(5): 1279-1288.

Kreneva RA, Gel'fand MS, Mironov AA, Yomantas YA, Kozlov YI, Mironov AS und Perumov DA (2000) Inactivation of the ypaA gene in *Bacillus subtilis*; Analysis of the resulting phenotypic expression. *Russ J Genet* 36(8): 972-974.

Kroutil W, Mang H, Edegger K und Faber K (2004) Recent advances in the biocatalytic reduction of ketones and oxidation of sec-alcohols. *Curr Opin Chem Biol* 8(2): 120-126.

Kula MR und Kragl U (1999) Dehydrogenases in the synthesis of chiral compounds. Aus Stereoselective Biocatalysis. R. N. Patel. New York, Marcel Dekker: 839-866,

Kuzu M, Niefind K, Hummel W und Schomburg D (2005) Crystallization and preliminary crystallographic analysis of a flavoprotein NADH oxidase from *Lactobacillus brevis. Acta Crystallogr, Sect F: Struct Biol Cryst Commun* 61(5): 528-530.

Larsson S, Cassland P und Jönsson LJ (2001) Development of a *Saccharomyces cerevisiae* Strain with Enhanced Resistance to Phenolic Fermentation Inhibitors in Lignocellulose Hydrolysates by Heterologous Expression of Laccase. *Appl Environ Microbiol* 67(3): 1163-1170.

Lattemann CT, Maurer J, Gerland E und Meyer TF (2000) Autodisplay: functional display of active beta-lactamase on the surface of *Escherichia coli* by the AIDA-I autotransporter. *J Bacteriol* 182(13): 3726-3733.

Leca B und Marty JL (1997a) Reagentless ethanol sensor based on a NAD-dependent dehydrogenase. *Biosensors Bioelectron* 12(11): 1083-1088.

Leca B und Marty JL (1997b) Reusable ethanol sensor based on a NAD^+-dependent dehydrogenase without coenzyme addition. *Anal Chim Acta* 340(1-3): 143-148.

Li SM (2009) Applications of dimethylallyltryptophan synthases and other indole prenyltransferases for structural modification of natural products. *Appl Microbiol Biotechnol* 84(4): 631-639.

Li SM (2010) Prenylated indole derivatives from fungi: structure diversity, biological activities, biosynthesis and chemoenzymatic synthesis. *Nat Prod Rep* 27(1): 57-78.

Li Z, Van Beilen JB, Duetz WA, Schmid A, De Raadt A, Griengl H und Witholt B (2002) Oxidative biotransformations using oxygenases. *Curr Opin Chem Biol* 6(2): 136-144.

Liese A, Seelbach K und Wandrey C, Eds. (2006). Industrial Biotransformations. Weinheim, Wiley-VCH.

Liljeblad A und Kanerva LT (2006) Biocatalysis as a profound tool in the preparation of highly enantiopure β-amino acids. *Tetrahedron* 62(25): 5831-5854.

Litsanov B (2006) Oberflächenexpression eines FAD-haltigen Enzyms durch Autodisplay in *E.coli. Bachelorarbeit*, Heinrich-Heine-Universität, Düsseldorf

Lountos GT, Jiang R, Wellborn WB, Thaler TL, Bommarius AS und Orville AM (2006) The crystal structure of NAD(P)H oxidase from *Lactobacillus sanfranciscensis*:

Insights into the conversion of O_2 into two water molecules by the flavoenzyme. *Biochemistry* 45(32): 9648-9659.

Madigan MT und Martinko JM (2006) Brock Mikrobiologie. München, Pearson Studium.

Mallett TC und Claiborne A (1998) Oxygen reactivity of an NADH oxidase C42S mutant: Evidence for a C(4a)- peroxyflavin intermediate and a rate-limiting conformational change. *Biochemistry* 37(24): 8790-8802.

Man SK und Young JK (2004) Enzymatic properties of the membrane-bound NADH oxidase system in the aerobic respiratory chain of *Bacillus cereus*. *J Biochem Mol Biol* 37(6): 753-756.

Manecke G und Gillert KE (1955) Serologisch spezifische Adsorbentien. *Die Naturwissenschaften* 42(8): 212-213.

Manyar HG, Gianotti E, Sakamoto Y, Terasaki O, Coluccia S und Tumbiolo S (2008) Active biocatalysts based on pepsin immobilized in mesoporous SBA-15. *J Phys Chem C* 112(46): 18110-18116.

Matsumoto J, Higuchi M, Shimada M, Yamamoto Y und Kamio Y (1996) Molecular cloning and sequence analysis of the gene encoding the H_2O-forming NADH oxidase from *Streptococcus mutans*. *Biosci Biotech Biochem* 60(1): 39-43.

Maurer J, Jose J und Meyer TF (1997) Autodisplay: one-component system for efficient surface display and release of soluble recombinant proteins from *Escherichia coli*. *J Bacteriol* 179(3): 794-804.

May SW (1999) Applications of oxidoreductases. *Curr Opin Biotechnol* 10(4): 370-375.

Metzger U, Schall C, Zocher G, Unsöld I, Stec E, Li SM, Heide L und Stehle T (2009) The structure of dimethylallyl tryptophan synthase reveals a common architecture of aromatic prenyltransferases in fungi and bacteria. *Proc Natl Acad Sci USA* 106(34): 14309-14314.

Montagne M und Marty JL (1995) Bi-enzyme amperometric D-lactate sensor using macromolecular NAD^+. *Anal Chim Acta* 315(3): 297-302.

Mori T, Sato T, Tosa T und Chibata I (1972) Studies on immobilized enzymes. X. Preparation and properties of aminoacylase entrapped into acrylamide gel-lattice. *Enzymologia* 43(4): 213-226.

Morishita T und Yajima M (1995) Incomplete operation biosynthetic and bioenergetic functions of the citric acid cycle in multiple auxotrophic lactobacilli. *Biosci Biotech Biochem* 59(2): 251-255.

Narayanan N und Chou CP (2008) Periplasmic chaperone FkpA reduces extracytoplasmic stress response and improves cell-surface display on *Escherichia coli*. *Enzyme Microb Technol* 42(6): 506-513.

Nishiyama Y, Massey V, Takeda K, Kawasaki S, Sato J, Watanabe T und Niimura Y (2001) Hydrogen peroxide-forming NADH oxidase belonging to the peroxiredoxin oxidoreductase family: Existence and physiological role in bacteria. *J Bacteriol* 183(8): 2431-2438.

Olek RA, Ziolkowski W, Kaczor JJ, Greci L, Popinigis J und Antosiewicz J (2004) Antioxidant activity of NADH and its analogue - An in vitro study. *J Biochem Mol Biol* 37(4): 416-421.

Palmer T, Sargent F und Berks BC (2005) Export of complex cofactor-containing proteins by the bacterial Tat pathway. *Trends Microbiol* 13(4): 175-180.

Panke S, Held M und Wubbolts M (2004) Trends and innovations in industrial biocatalysis for the production of fine chemicals. *Curr Opin Biotechnol* 15(4): 272-279.

Park JB (2007) Oxygenase-based whole-cell biocatalysis in organic synthesis. *J Microbiol Biotechnol* 17(3): 379-392.

Patel RN (2001) Biocatalytic synthesis of intermediates for the synthesis of chiral drug substances. *Curr Opin Biotechnol* 12(6): 587-604.

Pepper LR, Yong KC, Boder ET und Shusta EV (2008) A decade of yeast surface display technology: Where are we now? *Comb Chem High Throughput Screen* 11(2): 127-134.

Petermann K, Vordenbäumen S, Pyun JC, Braukmann A, Bleck E, Schneider M und Jose J (2010) Autodisplay of 60-kDa Ro/SS-A antigen and development of a surface display enzyme-linked immunosorbent assay for systemic lupus erythematosus patient sera screening. *Anal Biochem* 407(1): 72-78.

Pizzul L, Castillo MdP und Stenström J (2009) Degradation of glyphosate and other pesticides by ligninolytic enzymes. *Biodegradation* 20(6): 751-759.

Pohlner J, Halter R, Beyreuther K und Meyer TF (1987) Gene structure and extracellular secretion of *Neisseria gonorrhoeae* IgA protease. *Nature* 325(6103): 458-462.

Poole LB und Claiborne A (1989a) The non-flavin redox center of the streptococcal NADH peroxidase. I. Thiol reactivity and redox behavior in the presence of urea. *J Biol Chem* 264(21): 12322-13229.

Poole LB und Claiborne A (1989b) The non-flavin redox center of the streptococcal NADH peroxidase. II. Evidence for a stabilized cysteine-sulfenic acid. *J Biol Chem* 264(21): 12330-12338.

Poulter CD (1974) Model studies in terpene biosynthesis. *J Agric Food Chem* 22(2): 167-173.

Poulter CD und Rilling HC (1981) Conversion of farnesyl pyrophosphate to squalene. Aus Biosynthesis of Isoprenoid Compounds. S. L. Spurgeon. New York, John Wiley & Sons. 1: 225- 282,

Riebel BR, Gibbs PR, Wellborn WB und Bommarius AS (2002) Cofactor Regeneration of NAD^+ from NADH: Novel Water-Forming NADH Oxidases. *Adv Synth Catal* 344(10): 1156-1168.

Ross RP und Claiborne A (1991) Cloning, sequence and overexpression of NADH peroxidase from *Streptococcus faecalis* 10C1. Structural relationship with the flavoprotein disulfide reductases. *J Mol Biol* 221(3): 857-871.

Ross RP und Claiborne A (1992) Molecular cloning and analysis of the gene encoding the NADH oxidase from *Streptococcus faecalis* 10C1. Comparison with NADH peroxidase and the flavoprotein disulfide reductases. *J Mol Biol* 227(3): 658-671.

Rossmann MG, Liljas A, Brändén C-I und Banaszak LJ (1975) The Enzymes. New York, Academic Press.

Rutherford N und Mourez M (2006) Surface display of proteins by Gram-negative bacterial autotransporters. *Microbial Cell Factories* 5.

Saiki RK, Gelfand DH, Stoffel S, Scharf SJ, Higuchi R, Horn GT, Mullis KB und Erlich HA (1988) Primer-directed enzymatic amplification of DNA with a thermostable DNA polymerase. *Science* 239(4839): 487-491.

Sakamoto M und Komagata K (1996) Aerobic growth of and activities of NADH oxidase and NADH peroxidase in lactic acid bacteria. *J Ferment Bioeng* 82(3): 210-216.

Saleh O, Haagen Y, Seeger K und Heide L (2009) Prenyl transfer to aromatic substrates in the biosynthesis of aminocoumarins, meroterpenoids and phenazines: The ABBA prenyltransferase family. *Phytochemistry* 70(15-16): 1728-1738.

Sambrook J, Fritsch EF und Maniatis T (1989) Molecular Cloning. A laboratory manual, Cold Spring Harbor Press.

Sanger F, Nicklen S und Coulson AR (1977) DNA sequencing with chain-terminating inhibitors. *Proc Natl Acad Sci USA* 74(12): 5463-5467.

Sanz-Cervera JF, Stocking EM, Usui T, Osada H und Williams RM (2000) Synthesis and evaluation of microtubule assembly inhibition and cytotoxicity of prenylated derivatives of cyclo-L-Trp-L-Pro. *Bioorg Med Chem* 8(10): 2407-2415.

Sargent F, Berks BC und Palmer T (2002) Assembly of membrane-bound respiratory complexes by the Tat protein-transport system. *Arch Microbiol* 178(2): 77-84.

Schafer WR und Rine J (1992) Protein prenylation: Genes, enzymes, targets, and functions. *Annu Rev Genet* 26: 209-237.

Schmid A, Dordick JS, Hauer B, Kiener A, Wubbolts M und Witholt B (2001) Industrial biocatalysis today and tomorrow. *Nature* 409(6817): 258-268.

Schultheiss E, Paar C, Schwab H und Jose J (2002) Functional esterase surface display by the autotransporter pathway in *Escherichia coli*. *J Mol Catal B Enzym* 18: 89-97.

Schultheiss E, Weiss S, Winterer E, Maas R, Heinzle E und Jose J (2008) Esterase autodisplay: Enzyme engineering and whole-cell activity determination in microplates with pH sensors. *Appl Environ Microbiol* 74(15): 4782-4791.

Schumacher S, Hannemann F, Bernhardt R und Jose J (2010) Autodisplay funktioneller P450-Enzyme in *Escherichia coli*. *Chemie Ingenieur Technik* 82(9): 1521.

Seltmann G und Holst O (2002) The Bacterial Cell Wall. Berlin Springer.

Sheldon RA (2007) Enzyme immobilization: The quest for optimum performance. *Adv Synth Catal* 349(8-9): 1289-1307.

Shockman GD, Daneo-Moore L, Kariyama R und Massidda O (1996) Bacterial walls, peptidoglycan hydrolases, autolysins, and autolysis. *Microb Drug Resist* 2(1): 95-98.

Soto Suárez DA (2003) Heterologe Expression und Charakterisierung einer rekombinanten Pyranose-Oxidase aus *Peniophora gigantea*, sowie POx-Oberflächenexpression in *E. coli*. *Diplomarbeit*, Universität des Saarlandes, Saarbrücken

St. Clair N, Wang YF und Margolin AL (2000) Cofactor-bound cross-linked enzyme crystals (CLEC) of alcohol dehydrogenase. *Angew Chem Int Ed* 39(2): 380-383.

Steffan N, Grundmann A, Yin WB, Kremer A und Li SM (2009) Indole prenyltransferases from fungi: A new enzyme group with high potential for the production of prenylated indole derivatives. *Curr Med Chem* 16(2): 218-231.

Steffan N und Li SM (2009) Increasing structure diversity of prenylated diketopiperazine derivatives by using a 4-dimethylallyltryptophan synthase. *Arch Microbiol* 191(5): 461-466.

Steffan N, Unsöld IA und Li SM (2007) Chemoenzymatic synthesis of prenylated indole derivatives by using a 4-dimethylallyltryptophan synthase from *Aspergillus fumigatus*. *ChemBioChem* 8(11): 1298-1307.

Stewart JD (2001) Dehydrogenases and transaminases in asymmetric synthesis. *Curr Opin Chem Biol* 5(2): 120-129.

Studier FW (1991) Use of bacteriophage T7 lysozyme to improve an inducible T7 expression system. *J.Mol.Biol.* 219: 37-44.

Studier FW und Moffatt BA (1986) Use of bacteriophage T7 RNA polymerase to direct selective high-level expression of cloned genes. *J Mol Biol* 189: 113-130.

Sumner JB und Myrbäck K (1950) The Enzymes. New York, Academic Press.

Sung-Kun Y, Kim DH, Jung HC, Pan JG, Kang HS, Ahn T und Yun CH (2010) Surface display of heme- and diflavin-containing cytochrome P450 BM3 in *Escherichia coli*: A whole-cell biocatalyst for oxidation. *J Microbiol Biotechnol* 20(4): 712-717.

Tahallah N, Van Den Heuvel RHH, Van Den Berg WAM, Maier CS, Van Berkel WJH und Heck AJR (2002) Cofactor-dependent assembly of the flavoenzyme vanillyl-alcohol oxidase. *J Biol Chem* 277(39): 36425-36432.

Tanford C (1968) Protein denaturation. *Adv Protein Chem* 23: 121-282.

Tullman-Ercek D, DeLisa MP, Kawarasaki Y, Iranpour P, Ribnicky B, Palmer T und Georgiou G (2007) Export pathway selectivity of *Escherichia coli* twin arginine translocation signal peptides. *J Biol Chem* 282(11): 8309-8316.

Unsöld IA und Li SM (2005) Overproduction, purification and characterization of FgaPT2, a dimethylallyltryptophan synthase from *Aspergillus fumigatus*. *Microbiology* 151(5): 1499-1505.

Van Bloois E, Winter RT, Janssen DB und Fraaije MW (2009) Export of functional *Streptomyces coelicolor* alditol oxidase to the periplasm or cell surface of Escherichia coli and its application in whole-cell biocatalysis. *Appl Microbiol Biotechnol* 83(4): 679-687.

Van Der Donk WA und Zhao H (2003) Recent developments in pyridine nucleotide regeneration. *Curr Opin Biotechnol* 14(4): 421-426.

Van Gerven N, Sleutel M, Deboeck F, De Greve H und Hernalsteens JP (2009) Surface display of the receptor-binding domain of the F17a-G fimbrial adhesin through the autotransporter AIDA-I leads to permeability of bacterial cells. *Microbiology* 155(2): 468-476.

Vitreschak AG, Rodionov DA, Mironov AA und Gelfand MS (2002) Regulation of riboflavin biosynthesis and transport genes in bacteria by transcriptional and translational attenuation. *Nucleic Acids Res* 30(14): 3141-3151.

Vogl C, Grill S, Schilling O, Stülke J, Mack M und Stolz J (2007) Characterization of riboflavin (vitamin B_2) transport proteins from *Bacillus subtilis* and *Corynebacterium glutamicum*. *J Bacteriol* 189(20): 7367-7375.

Voordouw G (2000) A universal system for the transport of redox proteins: Early roots and latest developments. *Biophysical Chemistry* 86(2-3): 131-140.

Wandrey C, Liese A und Kihumbu D (2000) Industrial biocatalysis: Past, present, and future. *Org Process Res Dev* 4(4): 286-290.

Wang L, Wei L, Chen Y und Jiang R (2010) Specific and reversible immobilization of NADH oxidase on functionalized carbon nanotubes. *J Biotechnol* 150(1): 57-63.

Wätjen W, Weber N, Lou Yj, Wang Zq, Chovolou Y, Kampkötter A, Kahl R und Proksch P (2007) Prenylation enhances cytotoxicity of apigenin and liquiritigenin in rat H4IIE hepatoma and C6 glioma cells. *Food Chem Toxicol* 45(1): 119-124.

Wernérus H und Ståhl S (2004) Biotechnological applications for surface-engineered bacteria. *Biotechnol Appl Biochem* 40(3): 209-228.

Wierenga RK, Drenth J, Schulz GE und Huber R (1983) Comparison of the three-dimensional protein and nucleotide structure of the FAD-binding domain of p-hydroxybenzoate hydroxylase with the FAD- as well as NADPH-binding domains of glutathione reductase. *J Mol Biol* 167(3): 725-739.

Woodside AB, Huang Z und Poulter CD (1988) Triammonium germanyl diphosphate. *Org Synth* 66: 211-215.

Xiao Z, Lv C, Gao C, Qin J, Ma C, Liu Z, Liu P, Li L und Xu P (2010) A novel whole-cell biocatalyst with NAD^+ regeneration for production of chiral chemicals. *PLoS ONE* 5(1).

Yim SK, Jung HC, Pan JG, Kang HS, Ahn T und Yun CH (2006) Functional expression of mammalian NADPH-cytochrome P450 oxidoreductase on the cell surface of *Escherichia coli*. *Protein Expression Purif* 49(2): 292-298.

Zhao H, Chockalingam K und Chen Z (2002) Directed evolution of enzymes and pathways for industrial biocatalysis. *Curr Opin Biotechnol* 13(2): 104-110.

Zhao S, Gan T, Yu P und Cook JM (1998) Total synthesis of tryprostatin A and B as well as their enantiomers. *Tetrahedron Lett* 39(39): 7009-7012.

Zumft WG (2005) Biogenesis of the bacterial respiratory Cu_A, Cu-S enzyme nitrous oxide reductase. *J Mol Microbiol Biotechnol* 10(2-4): 154-166.

9 Anhang

9.1 Abkürzungsverzeichnis

AIDA-I	Adhesine involved in diffuse adherence
Amp^R	Ampicillinresistenz
AK	Antikörper
aph	Gen für Aminoglycosidphosphotransferase (Kanamycinresistenz)
APS	Ammoniumperoxodisulfat
AS	Aminosäure
AT	Autotransporter
bla	Gen für β-Lactamase (Ampicillinresistenz)
bp	Basenpaar
BSA	Bovines Serum- Albumin
cAMP	Cyclisches Adenosinmonophosphat
CTxB	Cholera- Toxin B-Untereinheit
DNA	"Desoxy-Ribonucleic Acid" (Desoxyribonukleinsäure)
DNAse	Desoxyribonuklease
dNTP	Nukleosidtriphosphate
DTT	Dithiothreitol
EDTA	Ethylendiamintetraacetat
ELISA	"Enzyme linked immunosorbent assay"
FAD	Flavin-Adenin-Dinukleotid
FP	Fusionsprotein
g	Mittlere Erdschwerebeschleunigung
HEPES	2-(4-(2-Hydroxyethyl)-1-piperazinyl)-ethansulfonsäure
HPLC	"High performance liquid chromatography" (Hochleistungsflüssigchromatographie)
IM	Innere Membran

IPTG	Isopropyl-β-thiogalactosid
kDa	Kilodalton
Km^R	Kanamycinresistenz
lacI	Gen für lac-Repressor
LB	"Lysogeny Broth"
M	Mol(ar)
MCS	"multiple cloning site"
MW	Mittelwert
$NAD^+(H)$	Nicotinamid-Adenin-Dinukleotid
NOx	NADH-Oxidase
OD	Optische Dichte
OM	"Outer membrane"
Omp	"Outer membrane protein"
ORF	"Open reading frame" (Offener Leserahmen)
ori	"origin of replication"
p.a.	Pro analysi
PAGE	Polyacrylamid- Gelelektrophorese
PBS	Phosphate buffered saline
PCR	"polymerase chain reaction"
PMSF	Phenylmethylsulfonylfluorid
POx	Pyranose-Oxidase
PT	Prenyltransferase
PVDF	Polyvinylidenfluorid
RNA	"Ribonucleic acid"
rpm	Revolutions per minute
RT	Raumtemperatur
SD	Standardabweichung
SDS	"Sodium- Dodecylsulfat"

SOB	"Super optimal broth"
SOC	"Super optimal broth with catabolite repression"
SP	Signalpeptid
TAE	Tris-Acetat-Elektrophoresepuffer
Taq	*Thermus aquaticus*
TBS	"Tris buffered saline"
TE	Tris-EDTA-Puffer
TEMED	Tetramethylethylendiamin
Tris	Tris(hydroxymethyl)-aminomethan
ÜN	Über Nacht

9.2 Sequenzen

Nucleotid- und abgeleitete Aminosäuresequenz der NADH-Oxidase NOx aus *Lactobacillus brevis* (PCR-Produkt)

```
XhoI     10        20        30        40        50        60        70        80        90
....|....|....|....|....|....|....|....|....|....|....|....|....|....|....|....|....|....|
CTCGAGAAAGTCACAGTTGTTGGTTGTACACATGCCGGAACCTTTGCGATTAAACAAATCTTGGCCGAACACCCTGATGCCGAAGTGACC
 L  E  K  V  T  V  V  G  C  T  H  A  G  T  F  A  I  K  Q  I  L  A  E  H  P  D  A  E  V  T

        100       110       120       130       140       150       160       170       180
....|....|....|....|....|....|....|....|....|....|....|....|....|....|....|....|....|....|
GTCTACGAACGTAACGATGTCATTTCATTTCTCTCTTGTGGAATCGCCCTTTACCTGGGGGGAAAAGTCGCTGATCCGCAAGGCCTCTTT
 V  Y  E  R  N  D  V  I  S  F  L  S  C  G  I  A  L  Y  L  G  G  K  V  A  D  P  Q  G  L  F

        190       200       210       220       230       240       250       260       270
....|....|....|....|....|....|....|....|....|....|....|....|....|....|....|....|....|....|
TATTCAAGTCCTGAAGAACTCCAAAAATTAGGCGCTAATGTCCAAATGAATCACAATGTTTTAGCGATCGATCCTGATCAAAAGACAGTG
 Y  S  S  P  E  E  L  Q  K  L  G  A  N  V  Q  M  N  H  N  V  L  A  I  D  P  D  Q  K  T  V

        280       290       300       310       320       330       340       350       360
....|....|....|....|....|....|....|....|....|....|....|....|....|....|....|....|....|....|
ACCGTTGAGGACTTAACCAGTCATGCACAAACGACTGAGTCATACGATAAACTAGTCATGACGTCTGGTTCTTGGCCAATTGTCCCCAAG
 T  V  E  D  L  T  S  H  A  Q  T  T  E  S  Y  D  K  L  V  M  T  S  G  S  W  P  I  V  P  K

        370       380       390       400       410       420       430       440       450
....|....|....|....|....|....|....|....|....|....|....|....|....|....|....|....|....|....|
ATTCCGGGCATCGATAGCGATCGCGTTAAGCTCTGCAAAAACTGGGCACATGCGCAAGCTCTAATCGAAGATGCTAAGGAAGCCAAGCGG
 I  P  G  I  D  S  D  R  V  K  L  C  K  N  W  A  H  A  Q  A  L  I  E  D  A  K  E  A  K  R

        460       470       480       490       500       510       520       530       540
....|....|....|....|....|....|....|....|....|....|....|....|....|....|....|....|....|....|
ATTACCGTTATTGGTGCCGGCTATATTGGTGCTGAACTAGCAGAAGCCTACTCCACTACTGGTCATGACGTAACCTTAATTGATGCGATG
 I  T  V  I  G  A  G  Y  I  G  A  E  L  A  E  A  Y  S  T  T  G  H  D  V  T  L  I  D  A  M

        550       560       570       580       590       600       610       620       630
....|....|....|....|....|....|....|....|....|....|....|....|....|....|....|....|....|....|
GACCGGGTTATGCCCAAGTACTTTGATGCTGATTTTACGGATGTCATTGAACAAGATTATCGGGATCACGGTGTCCAACTTGCCTTAAGT
 D  R  V  M  P  K  Y  F  D  A  D  F  T  D  V  I  E  Q  D  Y  R  D  H  G  V  Q  L  A  L  S

        640       650       660       670       680       690       700       710       720
....|....|....|....|....|....|....|....|....|....|....|....|....|....|....|....|....|....|
GAAACGGTTGAAAGCTTTACTGATAGTGCAACTGGGTTGACCATTAAGACTGATAAGAACAGCTATGAAACGGATCTCGCTATTTTATGC
 E  T  V  E  S  F  T  D  S  A  T  G  L  T  I  K  T  D  K  N  S  Y  E  T  D  L  A  I  L  C

        730       740       750       760       770       780       790       800       810
....|....|....|....|....|....|....|....|....|....|....|....|....|....|....|....|....|....|
ATTGGCTTTAGACCAAATACCGACCTGCTGAAAGGCAAAGTCGATATGGCACCAAACGGCGCGATTATTACGGATGACTACATGCGTTCT
 I  G  F  R  P  N  T  D  L  L  K  G  K  V  D  M  A  P  N  G  A  I  I  T  D  D  Y  M  R  S

        820       830       840       850       860       870       880       890       900
....|....|....|....|....|....|....|....|....|....|....|....|....|....|....|....|....|....|
TCTAACCCTGATATTTTCGCCGCTGGTGACAGTGCTGCTGTGCACTACAACCCAACCCATCAGAATGCTTACATTCCCTTAGCAACTAAC
 S  N  P  D  I  F  A  A  G  D  S  A  A  V  H  Y  N  P  T  H  Q  N  A  Y  I  P  L  A  T  N

        910       920       930       940       950       960       970       980       990
....|....|....|....|....|....|....|....|....|....|....|....|....|....|....|....|....|....|
GCGGTGCGTCAAGGTATCCTAGTCGGTAAAAACCTAGTTAAGCCGACCGTCAAGTATATGGGAACACAATCATCTTCTGGTTTGGCACTC
 A  V  R  Q  G  I  L  V  G  K  N  L  V  K  P  T  V  K  Y  M  G  T  Q  S  S  S  G  L  A  L

       1000      1010      1020      1030      1040      1050      1060      1070      1080
....|....|....|....|....|....|....|....|....|....|....|....|....|....|....|....|....|....|
TATGATCGGACGATCGTCTCAACTGGTTTAACGCTAGCAGCTGCAAAACAACAAGGGGTGAACGCTGAACAAGTGATTGTTGAAGATAAT
 Y  D  R  T  I  V  S  T  G  L  T  L  A  A  A  K  Q  Q  G  V  N  A  E  Q  V  I  V  E  D  N

       1090      1100      1110      1120      1130      1140      1150      1160      1170
....|....|....|....|....|....|....|....|....|....|....|....|....|....|....|....|....|....|
TATCGCCCAGAGTTTATGCCGTCAACTGAACCCGTTTTGATGTCATTAGTCTTTGACCCCGACACACACCGGATCTTAGGTGGTGCGTTA
 Y  R  P  E  F  M  P  S  T  E  P  V  L  M  S  L  V  F  D  P  D  T  H  R  I  L  G  G  A  L

       1180      1190      1200      1210      1220      1230      1240      1250      1260
....|....|....|....|....|....|....|....|....|....|....|....|....|....|....|....|....|....|
ATGAGTAAATACGATGTTTCACAATCGGCCAACACCCTTTCTGTTTGCATCCAAAACGAAAATACAATTGATGACTTAGCGATGGTTGAT
 M  S  K  Y  D  V  S  Q  S  A  N  T  L  S  V  C  I  Q  N  E  N  T  I  D  D  L  A  M  V  D

       1270      1280      1290      1300      1310      1320      1330      1340      1350
....|....|....|....|....|....|....|....|....|....|....|....|....|....|....|....|....|....|
ATGCTCTTCCAGCCTAACTTTGATCGACCATTCAACTACCTAAACATCTTAGCGCAAGCTGCTCAGGCGAAAGTTGCCCAATCAGTTAAC
 M  L  F  Q  P  N  F  D  R  P  F  N  Y  L  N  I  L  A  Q  A  A  Q  A  K  V  A  Q  S  V  N

   KpnI
....|...
GCTGGTACC
 A  G
```

Nucleotid- und abgeleitete Aminosäuresequenz der Prenyltransferase FgaPT2 aus *Aspergillus fumigatus* (PCR-Produkt)

```
XhoI      10        20        30        40        50        60        70        80        90
....|....|....|....|....|....|....|....|....|....|....|....|....|....|....|....|....|....|
CTCGAGATGAAGGCAGCCAATGCCTCCAGTGCGGAGGCCTATCGAGTTCTTAGTCGCGCCTTTAGATTCGATAATGAAGATCAGAAGCTG
 L  E  M  K  A  A  N  A  S  S  A  E  A  Y  R  V  L  S  R  A  F  R  F  D  N  E  D  Q  K  L

         100       110       120       130       140       150       160       170       180
....|....|....|....|....|....|....|....|....|....|....|....|....|....|....|....|....|....|
TGGTGGCACAGCACTGCCCCGATGTTTGCAAAAATGCTGGAAACTGCCAACTACACCACACCTTGTCAGTATCAATACCTCATCACCTAT
 W  W  H  S  T  A  P  M  F  A  K  M  L  E  T  A  N  Y  T  T  P  C  Q  Y  Q  Y  L  I  T  Y

         190       200       210       220       230       240       250       260       270
....|....|....|....|....|....|....|....|....|....|....|....|....|....|....|....|....|....|
AAGGAGTGCGTAATTCCCAGTCTCGGATGCTATCCGACCAACAGCGCCCCCCGCTGGTTGAGCATCCTCACTCGATACGGCACTCCGTTC
 K  E  C  V  I  P  S  L  G  C  Y  P  T  N  S  A  P  R  W  L  S  I  L  T  R  Y  G  T  P  F

         280       290       300       310       320       330       340       350       360
....|....|....|....|....|....|....|....|....|....|....|....|....|....|....|....|....|....|
GAATTGAGCCTAAATTGCTCTAATTCAATAGTGAGATACACATTCGAGCCGATCAATCAACATACCGGAACAGATAAAGACCCATTCAAT
 E  L  S  L  N  C  S  N  S  I  V  R  Y  T  F  E  P  I  N  Q  H  T  G  T  D  K  D  P  F  N

         370       380       390       400       410       420       430       440       450
....|....|....|....|....|....|....|....|....|....|....|....|....|....|....|....|....|....|
ACGCACGCCATCTGGGAGAGCCTGCAGCACCTGCTTCCACTGGAGAAGAGCATTGATCTGGAGTGGTTCCGCCACTTCAAGCACGATCTC
 T  H  A  I  W  E  S  L  Q  H  L  L  P  L  E  K  S  I  D  L  E  W  F  R  H  F  K  H  D  L

         460       470       480       490       500       510       520       530       540
....|....|....|....|....|....|....|....|....|....|....|....|....|....|....|....|....|....|
ACCCTCAACAGTGAAGAATCTGCTTTTCTGGCTCATAATGATCGCCTCGTGGGCGGCACTATCAGGACGCAGAACAAGCTCGCGCTCGAT
 T  L  N  S  E  E  S  A  F  L  A  H  N  D  R  L  V  G  G  T  I  R  T  Q  N  K  L  A  L  D

         550       560       570       580       590       600       610       620       630
....|....|....|....|....|....|....|....|....|....|....|....|....|....|....|....|....|....|
CTGAAGGATGGCCGCTTTGCACTTAAGACGTACATATACCCGGCTCTCAAAGCTGTCGTCACCGGCAAGACAATTCATGAGTTGGTCTTT
 L  K  D  G  R  F  A  L  K  T  Y  I  Y  P  A  L  K  A  V  V  T  G  K  T  I  H  E  L  V  F

         640       650       660       670       680       690       700       710       720
....|....|....|....|....|....|....|....|....|....|....|....|....|....|....|....|....|....|
GGCTCAGTCCGCCGGCTGGCAGTGAGGGAGCCCCGAATCTTGCCCCCACTCAACATGCTGGAGGAATACATCCGATCACGCGGTTCCAAG
 G  S  V  R  R  L  A  V  R  E  P  R  I  L  P  P  L  N  M  L  E  E  Y  I  R  S  R  G  S  K

         730       740       750       760       770       780       790       800       810
....|....|....|....|....|....|....|....|....|....|....|....|....|....|....|....|....|....|
AGCACTGCCAGTCCCCGCCTAGTGTCCTGTGATCTGACCAGTCCTGCCAAGTCGAGAATCAAGATCTACCTGCTGGAGCAGATGGTTTCA
 S  T  A  S  P  R  L  V  S  C  D  L  T  S  P  A  K  S  R  I  K  I  Y  L  L  E  Q  M  V  S

         820       830       840       850       860       870       880       890       900
....|....|....|....|....|....|....|....|....|....|....|....|....|....|....|....|....|....|
CTAGAAGCCATGGAGGACCTGTGGACTCTGGGCGGACGGCGCCGAGACGCTTCCACTTTAGAGGGGCTCTCTCTGGTGCGTGAGCTTTGG
 L  E  A  M  E  D  L  W  T  L  G  G  R  R  R  D  A  S  T  L  E  G  L  S  L  V  R  E  L  W

         910       920       930       940       950       960       970       980       990
....|....|....|....|....|....|....|....|....|....|....|....|....|....|....|....|....|....|
GATCTGATCCAACTGTCGCCGGGATTGAAGTCCTATCCGGCGCCGTATCTGCCTCTCGGGGTTATCCCAGACGAGAGGCTGCCGCTTATG
 D  L  I  Q  L  S  P  G  L  K  S  Y  P  A  P  Y  L  P  L  G  V  I  P  D  E  R  L  P  L  M

        1000      1010      1020      1030      1040      1050      1060      1070      1080
....|....|....|....|....|....|....|....|....|....|....|....|....|....|....|....|....|....|
GCCAATTTCACCCTGCACCAGAATGACCCGGTCCCAGAGCCGCAAGTATATTTCACAACCTTCGGCATGAACGACATGGCGGTGGCGGAT
 A  N  F  T  L  H  Q  N  D  P  V  P  E  P  Q  V  Y  F  T  T  F  G  M  N  D  M  A  V  A  D

        1090      1100      1110      1120      1130      1140      1150      1160      1170
....|....|....|....|....|....|....|....|....|....|....|....|....|....|....|....|....|....|
GCCCTGACGACGTTCTTCGAGCGCCGGGGTTGGAGTGAAATGGCCCGCACCTACGAAACTACTTTGAAGTCGTACTACCCCCATGCGGAT
 A  L  T  T  F  F  E  R  R  G  W  S  E  M  A  R  T  Y  E  T  T  L  K  S  Y  Y  P  H  A  D

        1180      1190      1200      1210      1220      1230      1240      1250      1260
....|....|....|....|....|....|....|....|....|....|....|....|....|....|....|....|....|....|
CATGACAAACTTAACTACCTCCACGCCTACATATCCTTCTCCTACAGGGACCGTACCCCTTATCTGAGTGTCTATCTTCAATCCTTCGAG
 H  D  K  L  N  Y  L  H  A  Y  I  S  F  S  Y  R  D  R  T  P  Y  L  S  V  Y  L  Q  S  F  E

        1270      1280      1290      1300      1310      1320      1330      1340      1350
....|....|....|....|....|....|....|....|....|....|....|....|....|....|....|....|....|....|
ACAGGGGACTGGGCAGTTGCAAACTTATCCGAATCAAAGGTCAAGTGTCAGGATGCGGCCTGTCAACCCACAGCTTTACCTCCAGATCTG
 T  G  D  W  A  V  A  N  L  S  E  S  K  V  K  C  Q  D  A  A  C  Q  P  T  A  L  P  P  D  L

        1360      1370      1380 KpnI
....|....|....|....|....|....|....
TCAAAGACAGGGGTATATTATTCCGGTCTCCACGGTACC
 S  K  T  G  V  Y  Y  S  G  L  H  G  T
```

9.3 Plasmidkarten

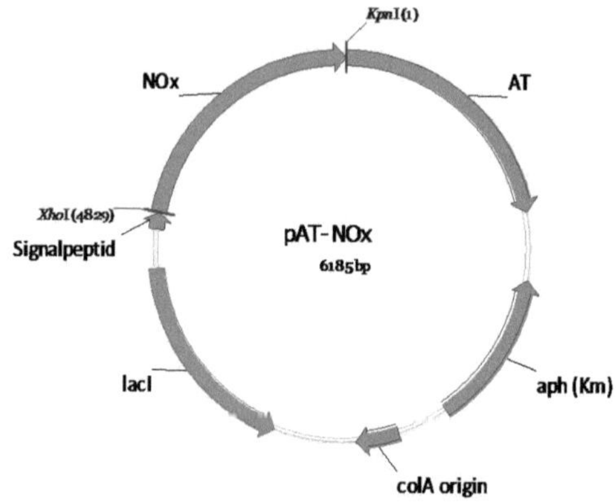

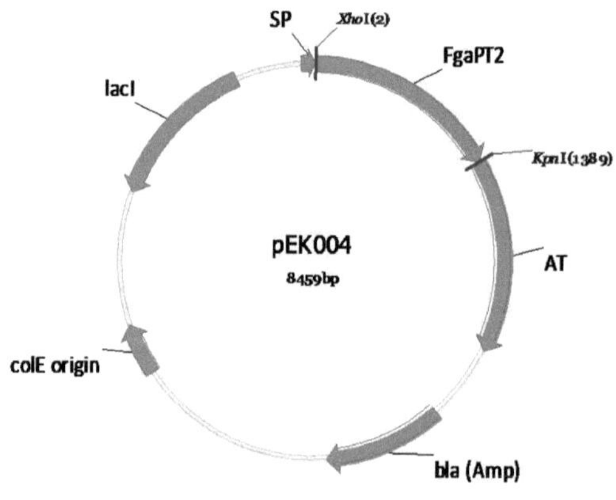

9.4 Veröffentlichungen

Zeitschriftenbeiträge:

Kranen E, Steffan N, Maas R, Li S-M, Jose J (2010). Development of a whole cell biocatalyst for the efficient prenylation of indole derivatives by Autodisplay of the aromatic prenyltransferase FgaPT2. ChemCatChem, eingereicht.

Kranen E, Maas R, Jose J (2010). A whole cell biocatalyst for cofactor regeneration: Autodisplay of NADH-Oxidase. Manuskript in Vorbereitung.

Kranen E, Detzel C, Völker T, Jose J (2010). Coexpression of Lipase and Foldase from Burkholderia cepacia for the development of a functional whole cell biocatalyst by means of Autodisplay. Manuskript in Vorbereitung.

Patentanmeldung:

Jose J, Maas R, Kranen E (2010). Whole cell biocatalyst NOx. Deutsche Patentanmeldung DE 10 2010 035702.

Erfindungsmeldung:

Jose J, Kranen E, Detzel C (2010). Lipase/Foldase Ganzzellbiokatalysator.

Jose J, Maas R, Kranen E (2010). Prenyltransferase Ganzzellbiokatalysator.

Tagungsbeiträge:

Poster:

E. Kranen, R. Maas, J. Jose (2010). A Whole-cell Biocatalyst Approach on Cofactor Regeneration by Autodisplay of NADH-Oxidase. biocat 2010, 5th international congress on biocatalysis, 29. August bis 2. September, Hamburg University of Technology.

E. Kranen, T. Völker, R. Maas, J. Jose (2010). Autodisplay of NADH-Oxidase Yields a Convenient System for Cofactor Regeneration. (Ref.: C107) DPhG Jahrestagung, 4. - 7. Oktober 2010, Braunschweig.